ずっと役立つ
すぐに身につく

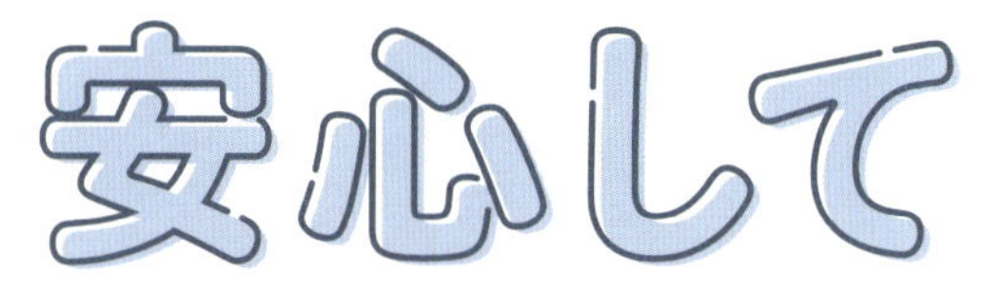

働くための
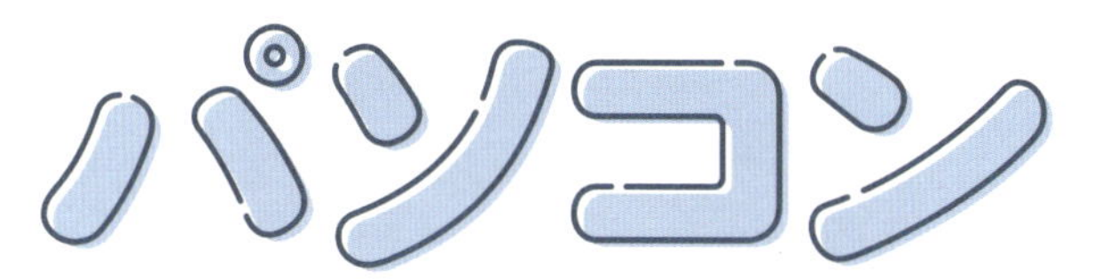

仕事術

橋本

SB Creative

本書に関するお問い合わせ

この度は小社書籍をご購入いただき誠にありがとうございます。小社では本書の内容に関するご質問を受け付けております。本書を読み進めていただきます中でご不明な箇所がございましたらお問い合わせください。なお、お問い合わせに関しましては以下のガイドラインを設けております。恐れ入りますが、ご質問の際は最初に下記ガイドラインをご確認ください。

●ご質問の前に

小社Webサイトで「正誤表」をご確認ください。最新の正誤情報を下記のWebページに掲載しております。

本書サポートページ https://isbn2.sbcr.jp/30522/

上記ページの「サポート情報」のリンクをクリックしてください。
なお、正誤情報がない場合、正誤表は表示されません。

●ご質問の際の注意点

- ご質問はメール、または郵便など、必ず文書にてお願いいたします。お電話では承っておりません。
- ご質問は本書の記述に関することのみとさせていただいております。従いまして、○○ページの○○行目というように記述箇所をはっきりお書き添えください。記述箇所が明記されていない場合、ご質問を承れないことがございます。
- 小社出版物の著作権は著者に帰属いたします。従いまして、ご質問に関する回答も基本的に著者に確認の上回答いたしております。これに伴い返信は数日ないしそれ以上かかる場合がございます。あらかじめご了承ください。

●ご質問送付先

ご質問については下記のいずれかの方法をご利用ください。

Webページより　上記ページ内にある「お問い合わせ」をクリックすると、メールフォームが開きます。要綱に従ってご質問をご記入の上、送信ボタンを押してください。

郵送　郵送の場合は下記までお願いいたします。
〒105-0001
東京都港区虎ノ門2-2-1
SB クリエイティブ　読者サポート係

// はじめに //

現代のビジネスシーンにおいて、パソコンスキルは必須です。PCスキルはまさに「身を助ける」存在であり、日常業務を円滑に進めるための鍵です。

本書『安心して働くためのパソコン仕事術』は、誰もがこの大切なスキルを身につけられるように、わかりやすく丁寧に解説しています。

この本の目的は、皆さんが抱えている**PC作業に対する不安や焦りを少しずつ確実に解消し、「安心して仕事に取り組む」ことができるようになってもらうこと**です。

ビジネスメール管理、Excel・PowerPoint・Word操作やAIの活用など、PCスキルに必要な要素を学ぶことで、どんな方でも「PC操作に自信を持つ」ことができるようになります。

本書は、職場で実際に必要とされるPCスキルを厳選し、この一冊にまとめた情報を実践していくだけで、自然と仕事で信頼を得るためのITリテラシーを身につけられるように工夫しました。

また、情報収集法、ビジネスメールマナー、見やすく印象の良い表の作成、相手に好印象を持たれるための各種配慮、説得力を増す書類作成法など、**ちょっとした工夫で毎日の仕事がうまくいくようになる仕事術も解説**しています。これらのスキルは、日々の仕事はもちろん、副業やキャリアチェンジのための強力な武器ともなるでしょう。

本書が、「明日から自信をもって働くための参考書」として、皆様のビジネスライフを少しでもサポートできることを願っています。

あなたの努力と成長が、輝かしい未来を切り拓くことを心から信じています。

橋本情報戦略企画　橋本和則

目次 Contents

3章 Outlookで漏れなくメールと予定を管理する 51

6章 PowerPointで褒められる資料を作る 169

Essential PC Skills for Confident Work

1章
知っておきたいパソコン操作の基礎

知っておくと便利なキーと入力操作

キーボードで知っておきたいキー

キーボードには知っておくだけでパソコン仕事が楽になる便利なキーがあります。まずは、これらの特別な機能が割り当てられたキーの配置と役割を確認しておきましょう。

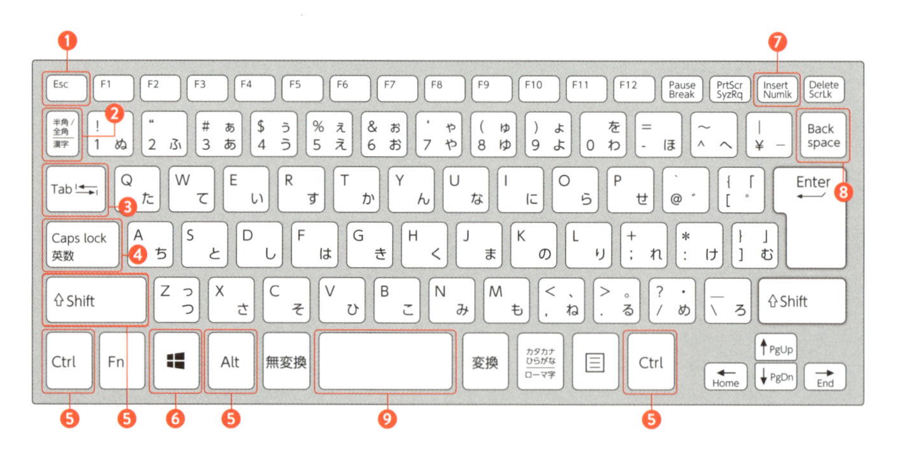

❶ Esc（エスケープ）	操作を取り消すときに使用する。途中まで開いたメニューや入力途中の文字をキャンセルできる
❷ 半角/全角	日本語入力のオン／オフを切り替える
❸ Tab（タブ）	タブの挿入、または入力欄を移動する
❹ Caps Lock（キャプスロック）	Shift と併用することにより、英文字の大文字／小文字の入力モードを切り替える
❺ Alt（オルト、アルト）、Ctrl（コントロール）、Shift（シフト）	「修飾キー」と呼ばれ、他のキーと併用して特定の機能を実行する
❻ ⊞（ウィンドウズキー）	単体で使用すると［スタート］メニューを開くことができる。また修飾キーでもあるため、他のキーと併用することでWindowsの各機能を実行できる
❼ Insert（インサート）	文書作成系のアプリで、文字における「上書き／挿入」モードを切り替える
❽ Back space（バックスペース）	文字入力時においてカーソルの左の文字を削除する
❾スペースキー	文字入力時にはスペース（空白）を入力、日本語入力時には変換を行う

キーの表記と入力

入力できる文字はキーボードのキーの表記に着目すると理解できます。

特にカッコや記号の入力はわかりにくいですが、記号入力においては Shift を交えるか否かで入力文字を変更できます。

キーに3つの表記がある場合

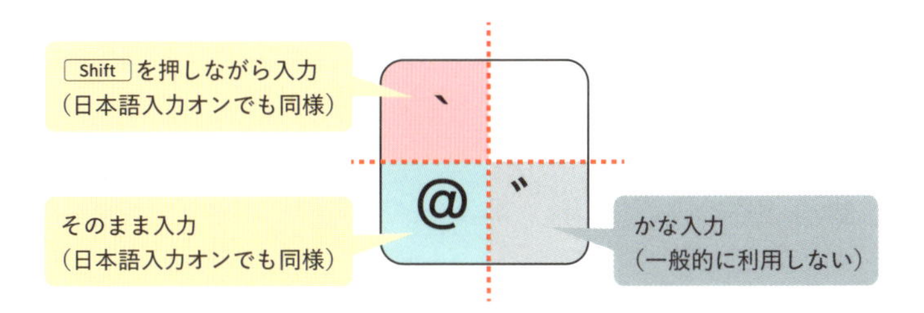

キーに4つの表記がある場合

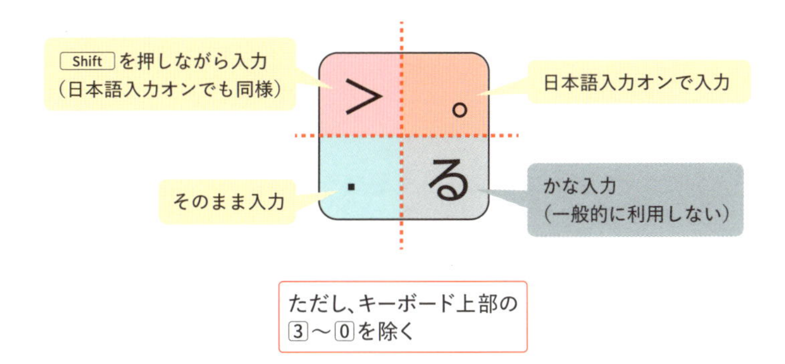

Fn とファンクションキー

現在のキーボードの多くはキーボード上部に音量の調整、画面の明るさ（輝度）の調整などの機能キーを備えています。一方で、Office操作などで F1 〜 F12 を利用したい場合は、 Fn を押しながら入力します。

memo：PCによっては Fn の二度押しや設定などで Fn をロックして、 Fn を押さずに F1 〜 F12 を入力することができます。

日本語入力のオンオフを小指でする

日本語入力オン／オフといえば 半角/全角 で行うのが基本とされていますが、Windows 11であれば caps lock でも可能です。

一般的なホームポジションでの入力において、**キーが遠い 半角/全角 よりも、小指で caps lock を押してオン／オフを切り替えたほうが効率的です**。

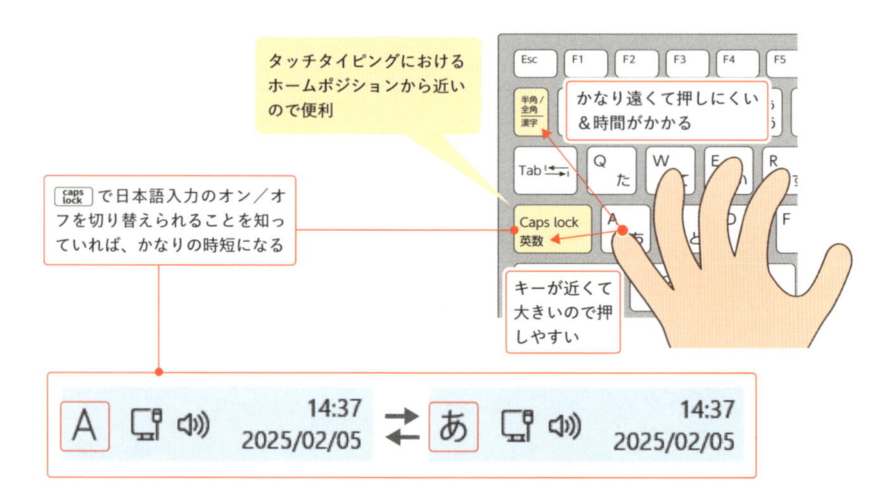

記号を一覧から入力する

記号を入力したい場合は、絵文字ピッカーが便利です。をクリックすれば、一覧から記号を入力でき、「々」「〆」「✓」「§」などの入力しにくい記号も簡単に入力できます。

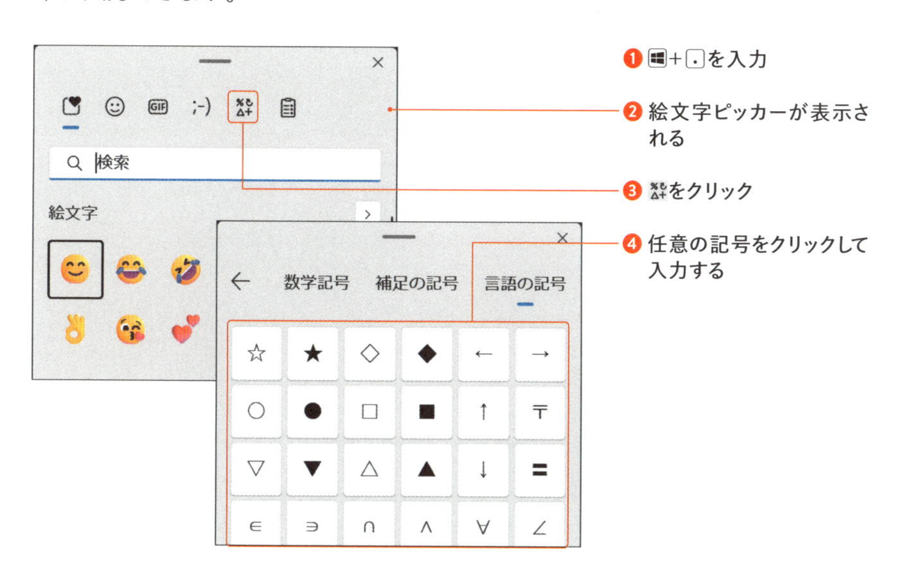

読みで記号入力する

よく使う記号は「読み」を覚えて、変換して入力してもよいでしょう。

記号	読み	記号	読み	記号	読み
§	せくしょん	◎	にじゅうまる	①	まる1
±	ぷらすまいなす	×	ばつ	②	まる2
〓	げた	□	しかく	～	から
〃	おなじ	△	さんかく	↑	うえや
々	おなじ	＝	イコール	→	みぎや
≡	ごうどう	・	なかぐろ	←	ひだりや
〒	ゆうびん	☆	ほし	↓	したや
●	くろまる	○	まる	…	さんてん

苦手な英単語を正しく入力する

ビジネスシーンでは日本語入力だけではなく、文中や図中などで英単語を入力しなければならないことがありますが、慣れない英単語の入力は面倒です。「コミュニケーション」(communication)、「インフラ」(infrastructure)……、**このような英単語は、実はそのままカタカナ読みで入力して変換すればOKです**。

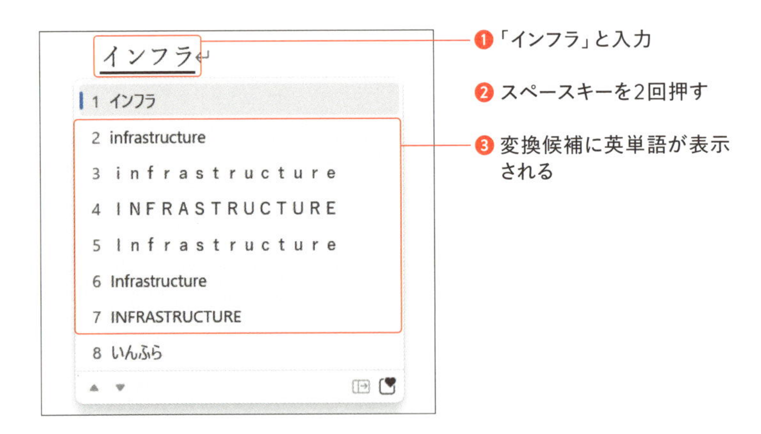

再変換で間違えた変換を正す

Word・Excel・PowerPoint・Outlookなどで入力済みの文字にカーソルを合わせて、[変換]を押せば文字の再変換ができます。変換ミスをしてしまった場合や、漢字の読みを知りたい場合などに便利です。

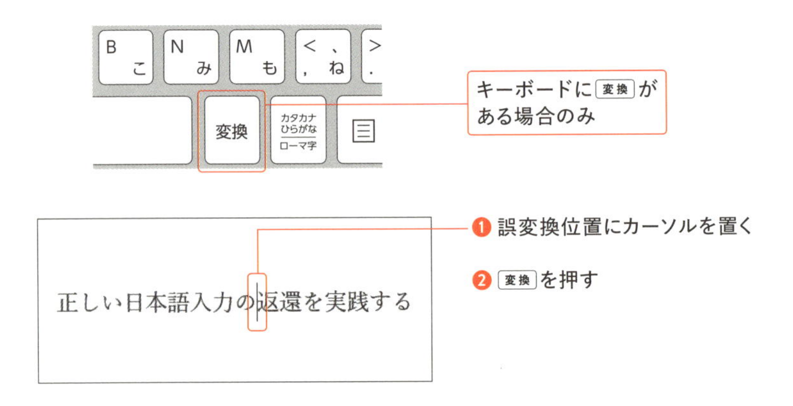

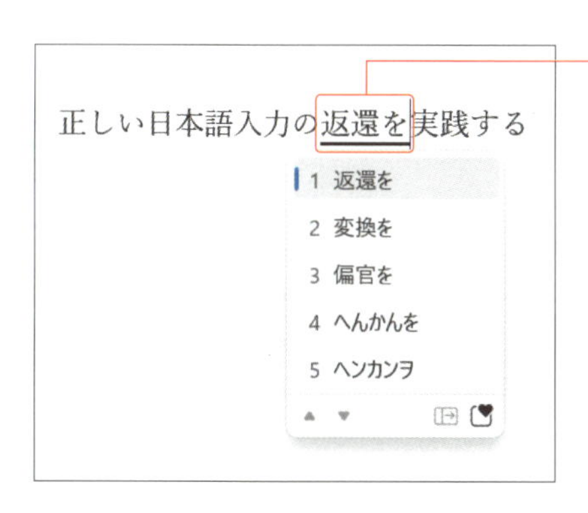

❸ 再変換できる

column 音声入力で楽々日本語入力

タイピングが苦手な方にとって、音声入力はとても便利なツールです。マイクに向かって声に出すだけで日本語入力が可能なほか、アイデアや思いついたフレーズをスムーズにアプリに入力できる利点があります。

Windowsの音声入力は、⊞+Hを入力して、マイクアイコンが表示されたら、話しかけるだけです。

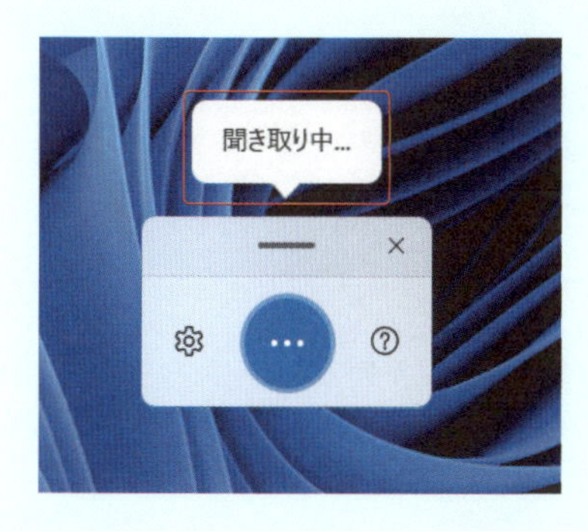

02 コピー&ペーストの基本と活用

コピー&ペーストで仕事を減らす

参考資料やメモ、Webページに必要な情報がある場合は、コピー&ペーストを活用しましょう。これにより作業量を軽減できるうえ、入力ミスも防げます。また、同じ単語やフレーズを複数箇所で使う際にも、一貫性を保つことができます。

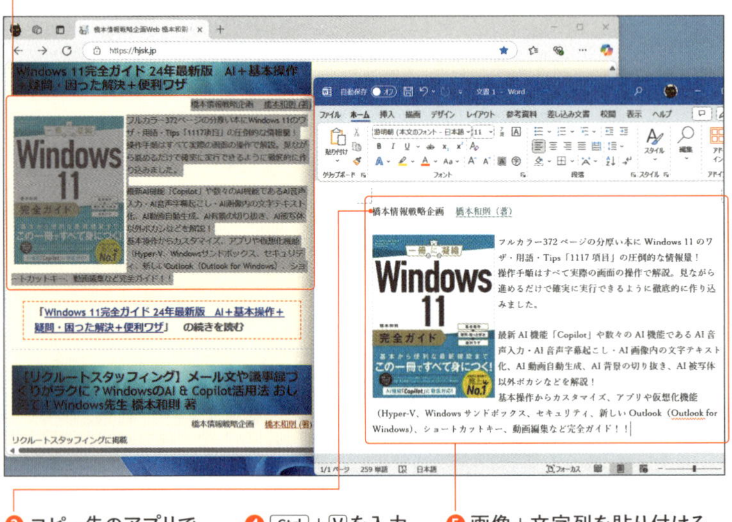

ミスった操作のやり直し

不要な文章を入力、あるいは必要な文章を削除してしまった場合など、**変更直後に「やり直し」(取り消し)したい場合は、ショートカットキーCtrl+Zを入力します**。

作業の効率を向上させ、失敗を迅速に修正するためにもこのショートカットキーは覚えてしまいましょう。

コピーした内容を一覧から選択して貼り付ける

「クリップボードの履歴」を利用すれば、今までにコピーした履歴を一覧に表示したうえで、任意にアイテムを選択して貼り付けを行うことができます。

一般的なコピー＆ペーストでは毎回コピー操作が必要なのに対して、**クリップボードの履歴であれば一度コピー(あるいはピン留め)してしまえば何度も使えるため便利です**。

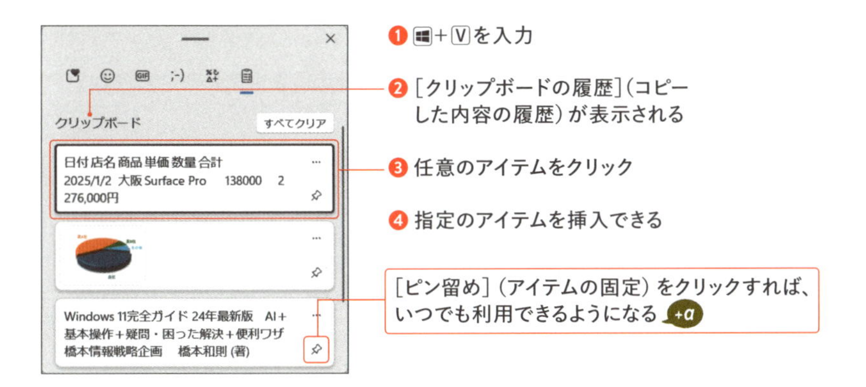

memo：クリップボードの履歴を有効にするにはWindowsの[スタート]メニューから[設定]をクリックして、[システム]→[クリップボード]を開いて[クリップボードの履歴]をオンにします。

便利な「これだけ知っておけば」のOffice共通操作

リボンの理解はOfficeの理解

Word・Excel・PowerPoint・Outlookなど、Office操作で必要になるのが「リボン」です。

リボンの操作は［ホーム］［挿入］などのタブをクリックして、その中に表示されるコマンドをクリックして実行します。

ちなみに、**リボンコマンドの表示は「アプリの横幅」に影響を受ける仕様です**。横幅が狭いと略記されるため、慣れるまではアプリの横幅を広く（あるいはアプリのウィンドウを最大化）して操作するとよいでしょう。

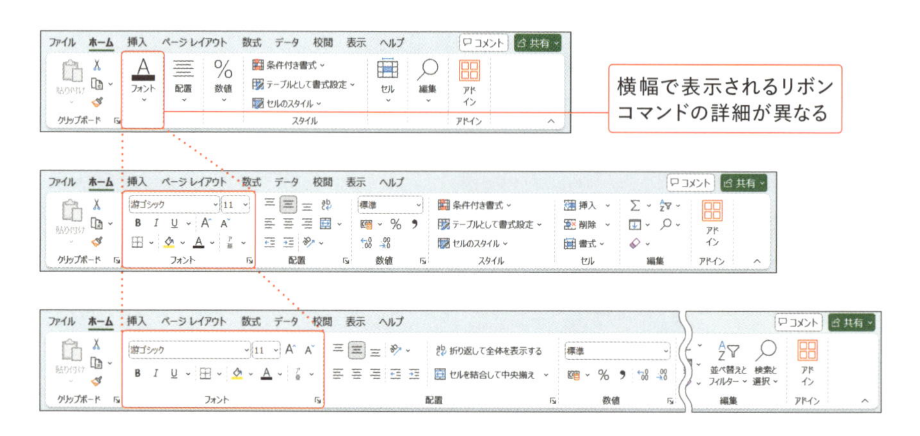

リボンの折りたたみと表示

リボンは折りたたんで必要な場面のみ表示することができます。

リボンコマンド群の右下の［∧］をクリックすると、常にリボンコマンドを折りたたんだ状態になり、タブをクリックしたときのみリボンコマンドを表示することができます。また、タブをクリックして［リボンの固定］をクリックするとリボンを表示したままにできます。

なお、この表示操作は非常に面倒ですが、**ショートカットキー Ctrl + F1 で素早く切り替えることができるので覚えてしまいましょう**。

❶ Ctrl ＋ F1 を入力

❷ リボンが表示される

入力ごとにリボンの表示／非表示を素早く切り替えられる

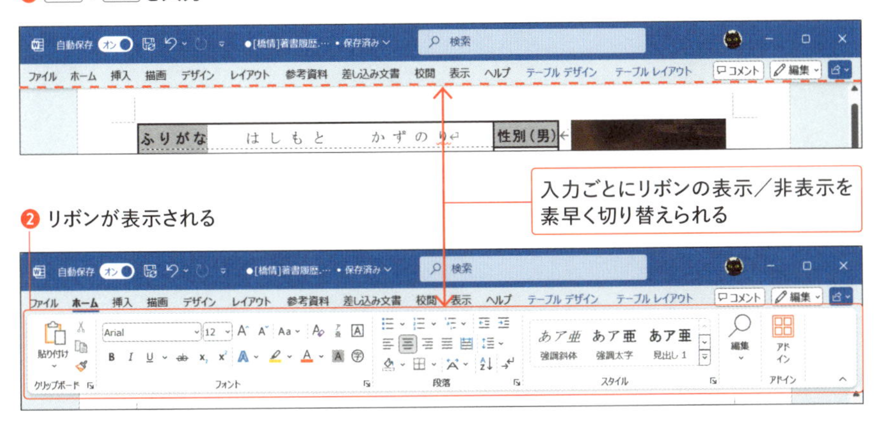

ダイアログによる詳細設定

フォントの書体・サイズ・色・スタイル・下線などを変更したい際、すべてリボンで操作するのは面倒ですが、［フォント］グループのダイアログであれば、一括で設定することができます。

❶ ダイアログ起動ツールをクリック

❷ ［フォント］ダイアログが表示される

❸ フォントの設定を一括で行える

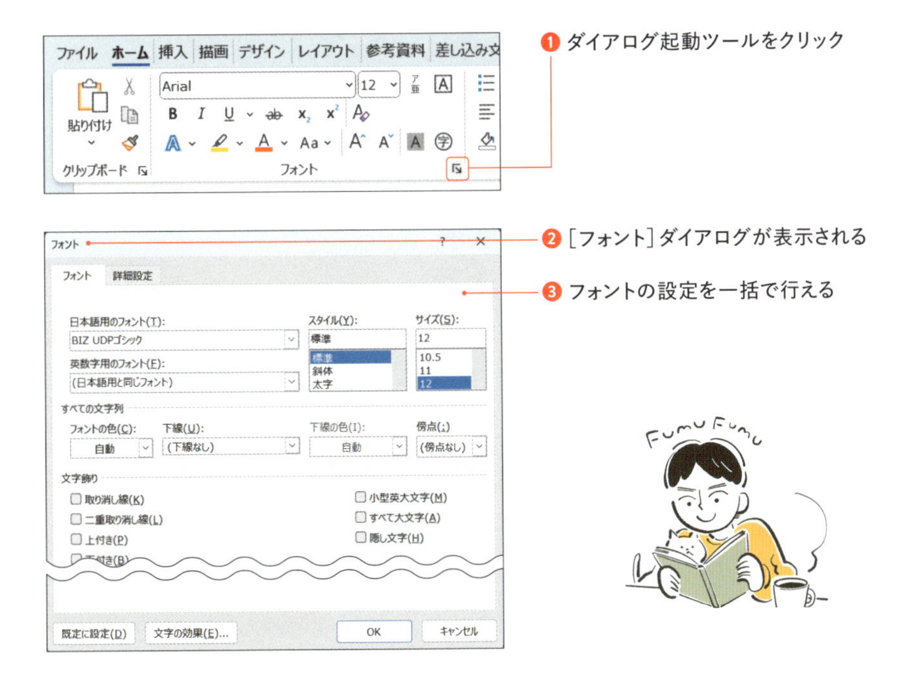

リボンコマンドを素早く済ます

リボン操作は任意のタブをクリックしたのちに、任意のリボンコマンドをクリックする必要がありますが、よく使うリボンコマンドは**割り当てられているショートカットキーを覚えてしまうのも手です**。

また、**リボンのタブには Alt でアクセスできるので、ここから表示に従ってリボンコマンドを実行する手もあります**。

□ リボンコマンドのショートカットキーの確認方法

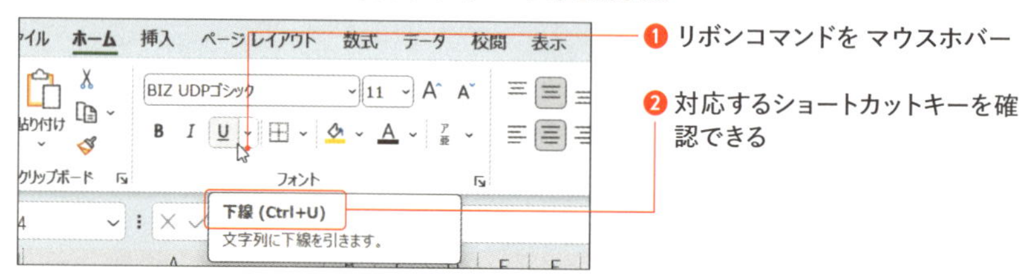

□ Alt からリボンコマンドを実行

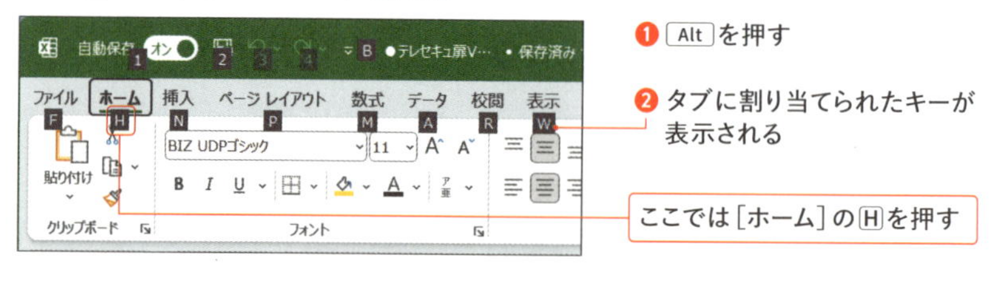

❸ 各リボンコマンドに割り当てられたキーを確認できる

目的のリボンコマンドにキーが2つ表示されている場合は、その表記に従って順に2つのキーを押す

memo：例えば「フォント」を変更したい場合は、Alt → H → F → F を入力して、↓（下カーソルキー）でフォントを選択できます。

「保存」操作をわかりやすくシンプルにする

Word・Excel・PowerPointでファイルを保存する際は、［ファイル］タブから［名前を付けて保存］をクリックするのが通常の操作です。しかし、この方法では保存先の指定がわかりにくく、作業工程が多いなどの欠点があります。

より簡単に素早く保存するにはF12による［名前を付けて保存］ダイアログが最適です。

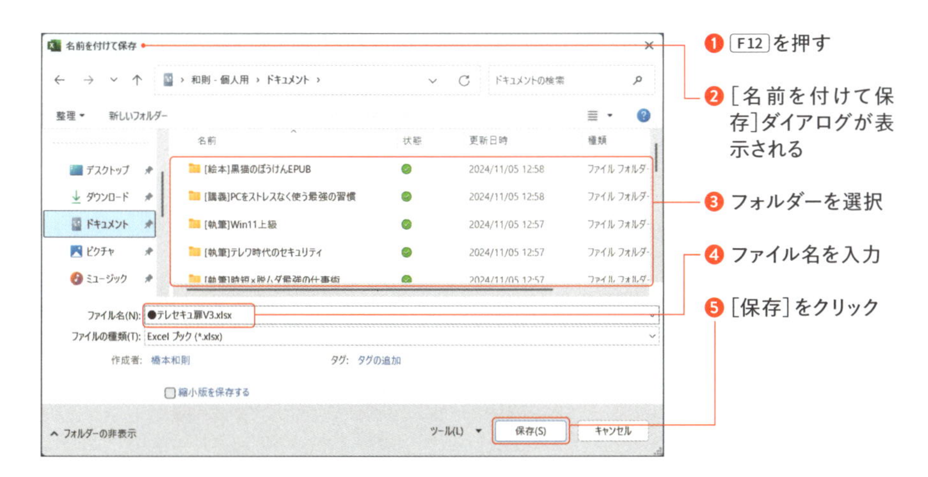

操作がわからない時に便利なテクニック

Word・Excel・PowerPointを利用していて、目的の操作が見つけられない場合は、タイトルバーにあるMicrosoft Searchにそのまま目的の操作を入力します。例えば、「書式」と入力すれば、書式に関する操作に直接アクセス可能です。

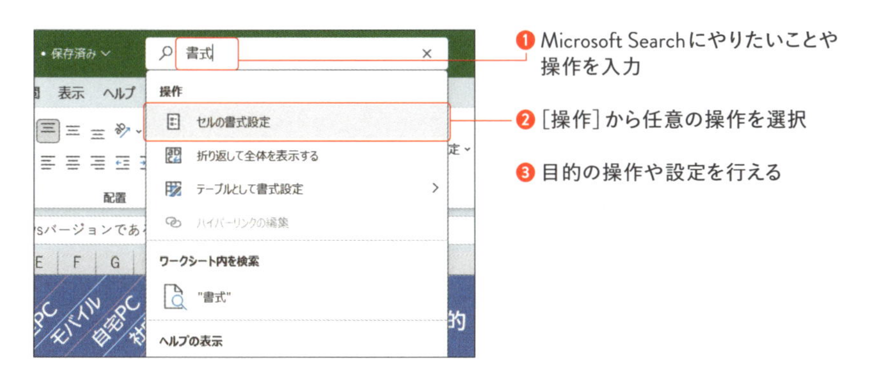

アプリを並べて作業のしやすさを確保

ウィンドウの複数形がウィンドウズ

Windowsとはウィンドウの複数形なので、デスクトップにウィンドウを複数展開して作業をしてこそ真価を発揮します。

もちろん、デスクトップにウィンドウが散らかっていると煩雑で使いにくく感じるかもしれませんが、Windows 11にはウィンドウを整える機能や切り替える機能が多数搭載されているので、この機能を上手に活用しましょう。

複数のウィンドウが散らかっていても、整理方法を知ってしまえば切り替える＆並べるなどして作業を効率化できる

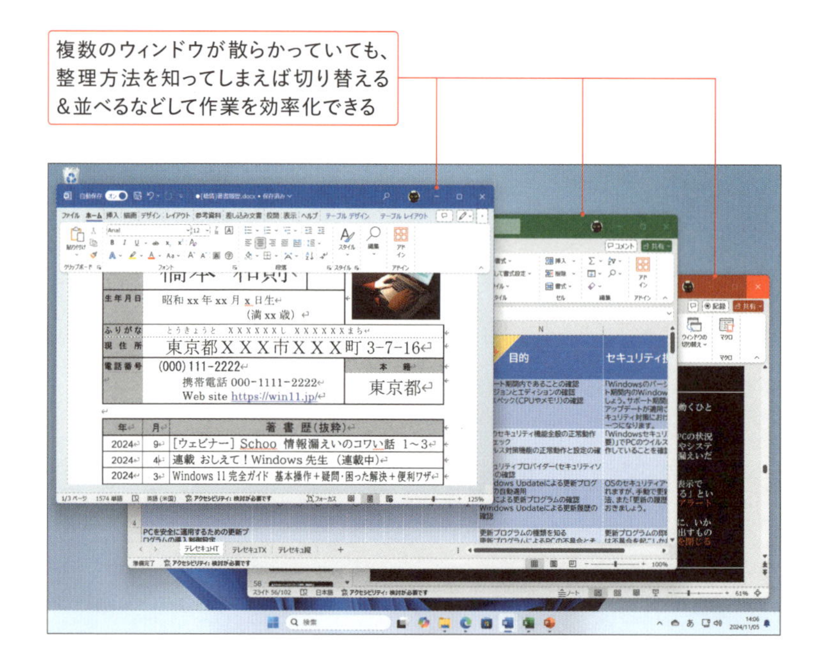

ウィンドウをスナップして並べる

ウィンドウのタイトルバーを画面上部にドラッグすると、「スナップレイアウト」が表示され、該当レイアウトにそのままドロップすれば、その位置にウィンドウを配置できます。

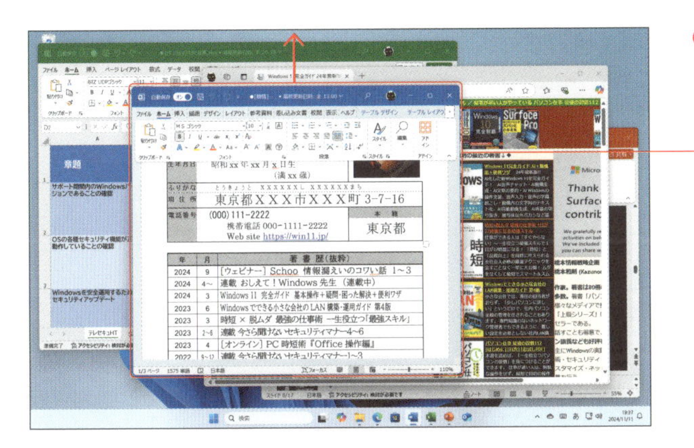

❶ウィンドウのタイトルバーをデスクトップ上部にドラッグ

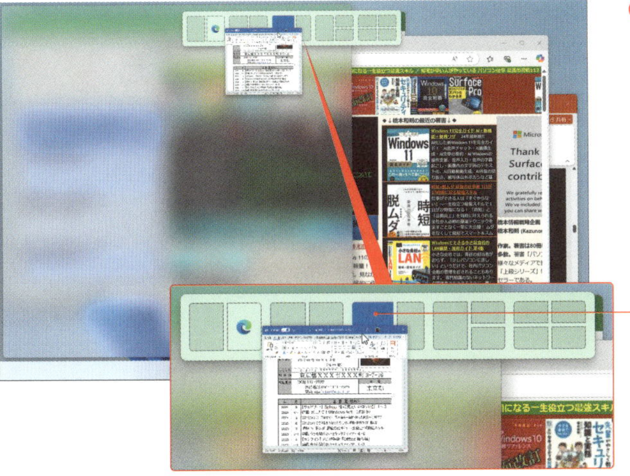

❷スナップレイアウトが表示されるので、任意のレイアウトにドロップ

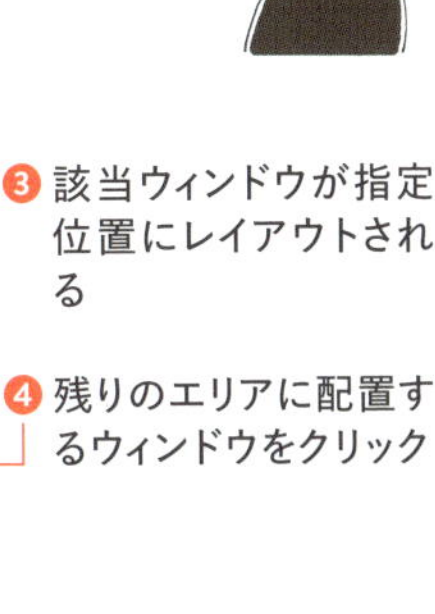

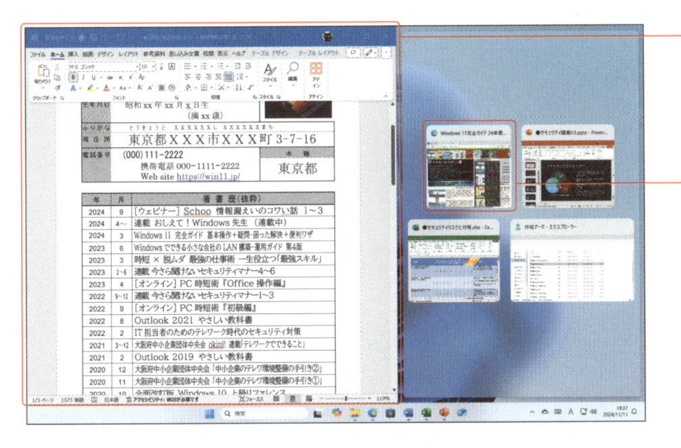

❸該当ウィンドウが指定位置にレイアウトされる

❹残りのエリアに配置するウィンドウをクリック

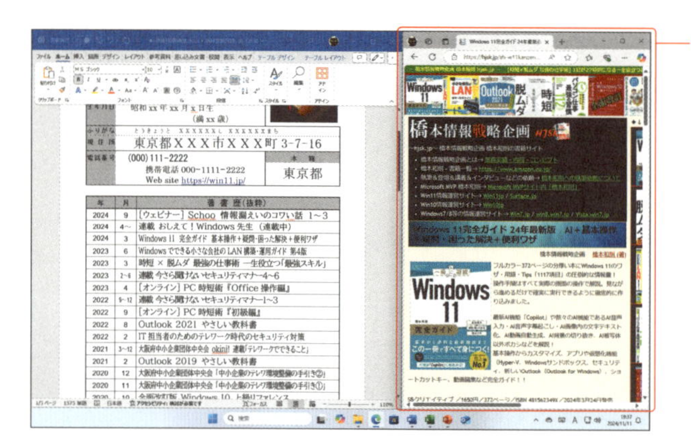

❺ デスクトップにウィンドウをきれいに並べられる

スナップレイアウトで上手に並べる

スナップレイアウトはタイトルバーの［最大化］ボタンをマウスホバーして指定することも可能です。レイアウトが表示されるので、任意の配置をクリックすればデスクトップにきれいにウィンドウを並べることができます。

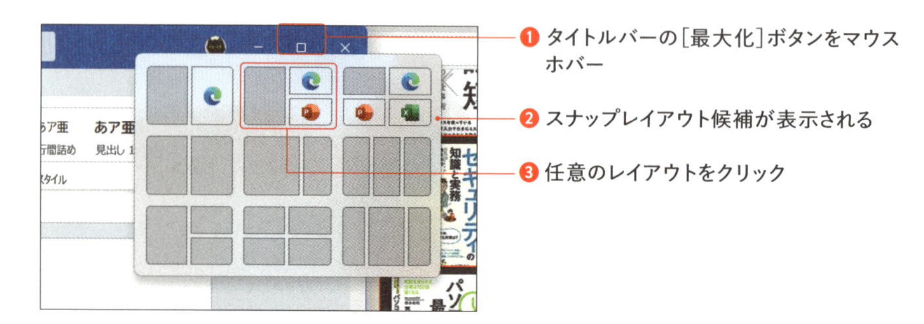

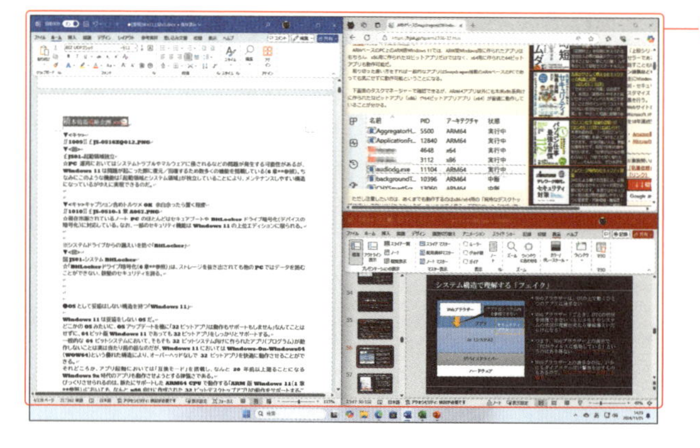

❹ ウィンドウが指定レイアウトに整えられる

素早くスナップレイアウトする

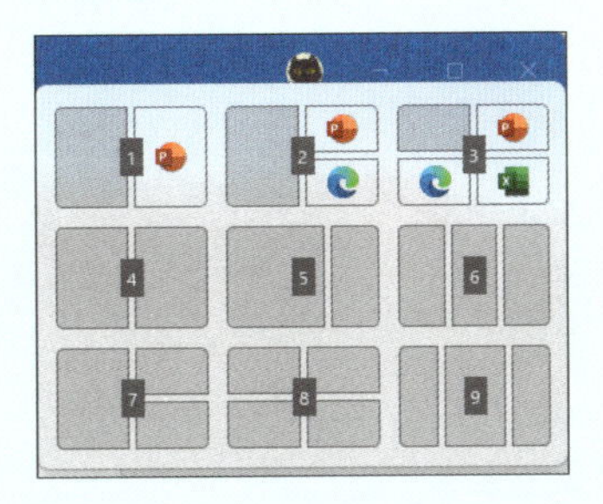

スナップレイアウトへのアクセスは、ショートカットキー⊞＋Zが便利です。レイアウトに割り当てられている数字を入力するだけで、ウィンドウを指定レイアウトに整えることができます。

目的のウィンドウに素早くアクセス

デスクトップ最下部にある［タスクバー］に着目します。

既に起動済みのアプリに表示を切り替えたい場合は、アンダーラインのあるアイコンをクリックします。

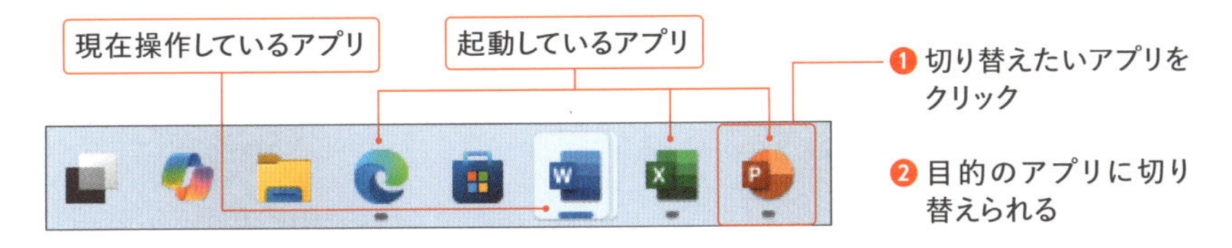

□ 対象アプリが複数起動している場合

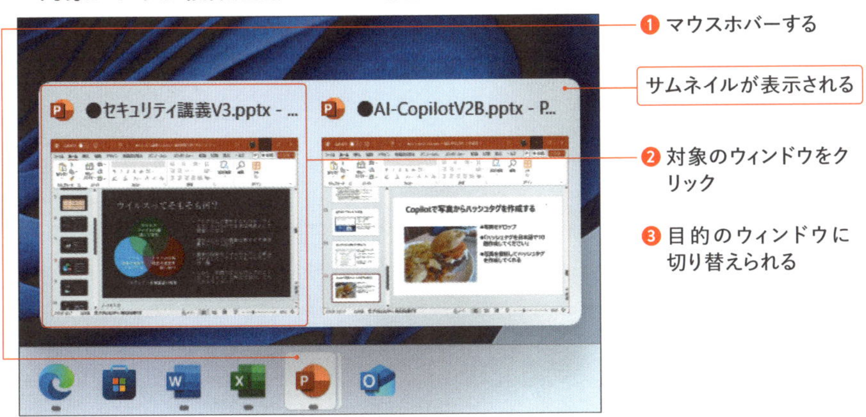

ウィンドウの一覧を表示して切り替える&並べる

ウィンドウがごちゃごちゃしてわかりにくい場合は、[タスクビュー] を利用します。タスクビューでは現在起動しているウィンドウを一覧表示できるほか、スナップを利用してウィンドウを並べることもできます。

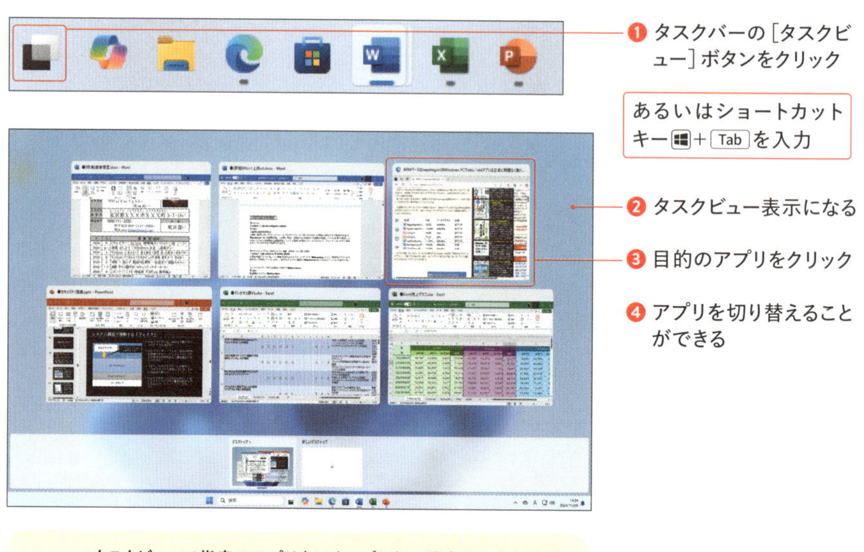

memo：タスクビューで指定のアプリをスナップしたい場合は、右クリックして、ショートカットメニューから [～にスナップ] を選択します。

column ウィンドウは閉じないで楽々作業

ウィンドウを閉じてしまうと、以前開いていた資料や編集していたデータを再度見たいときに、再びファイルを開いたり、Webページを検索し直したりする必要があります。

しかし、最近のPCはメモリなどのリソースに余裕があるため、今日の作業で再び必要になるかもしれないウィンドウは閉じずに「開きっぱなし」でOKです。タスクバーやタスクビューを使って素早く切り替えて参照&作業すれば手間を減らすことができます。

Essential PC Skills for Confident Work

2章
スマートな情報収集とWebブラウザー

目的の情報をゲットするための検索テクニック

情報を簡単に取得するためのテクニック

仕事を進めるうえで、疑問を解消し、製品やサービスの詳細や公式情報を調べることは非常に重要です。

こうした際に役立つのが「Web検索」です。Web検索は、単にキーワードを入力するだけでも情報を得ることはできますが、**いくつかの検索テクニックを駆使することで、より精度の高い情報にアクセスできます**。

キーワードを組み合わせた検索

一つのキーワードだけで検索した場合、情報が多過ぎて目的の内容を見つけられない時があります。

目的の情報になるべく素早くたどり着くためには、複数のキーワードを組み合わせた「AND検索」を行います。例えば、「αとβを含むページ」を検索したい場合は、キーワードをスペースで区切ればOKです。

仕事術 時短 SBクリエイティブ

❶「キーワード [スペース] キーワード…」と入力して、Enter を押す

❷ 指定キーワードがすべて含まれるWebページ（情報）を検索できる

あるキーワードを含めずに検索したい

Web検索において情報を絞り込みたい場合は、**特定のキーワードを除外して検索する「マイナス検索」が有効です**。

例えば、「フィッシング」といえば「個人情報を搾取する詐欺」と「釣り」（魚釣り）の両方の意味がありますが、一方だけを検索したい場合は、「-」（マイナス）を使ってキーワードを除外指定します。

フィッシング␣-釣り

❶「キーワード［スペース］-含めたくないキーワード」と入力して、Enterを押す

❷マイナスで指定したキーワードを含まないWebページ（情報）を検索できる

memo：逆に「釣り」のフィッシングを検索したい場合は、「フィッシング -詐欺 -セキュリティ」などと入力して検索します。

熟語を検索したい

例えば、製品である「Office 2024」を検索したい場合、単に「Office［スペース］2024」だと両方を含むWebページが検索されてしまうため、「当Officeは2024年に開業」などの関係のないWebページも検索に含まれてしまいます。

このように**スペースが含まれる熟語（二つ以上の単語が結合して一語となすもの）を検索したい場合は、キーワードをダブルクオーテーションで囲みます**。「Office 2024」であれば「"Office 2024"」と入力すれば、熟語として検索できます。

❶「"キーワード"」と入力して、Enterを押す

❷熟語としてのキーワードが含まれるWebページ（情報）を検索できる

memo：ダブルクオーテーションは日本語入力オフでShift+2（メイン側のふキー）で入力できます。

検索指定のまとめ

検索方法	説明	入力例
複合検索	複数のキーワードを同時に検索	α［スペース］β
除外検索	特定のキーワードを除外	α［スペース］-β
熟語検索	フレーズや固有表現をそのまま検索	"α β"

最新の情報を取得したいときに便利な期間指定

Webページの検索において、最新の情報だけ知りたい場合に便利なのが期間指定オプションです。
「1時間以内」「24時間以内」などを指定できるため、最新の情報を指定できるほか、期間指定で「*年*月*日～*年*月*日」などという指定を行い、その当時の情報を検索することも可能です。

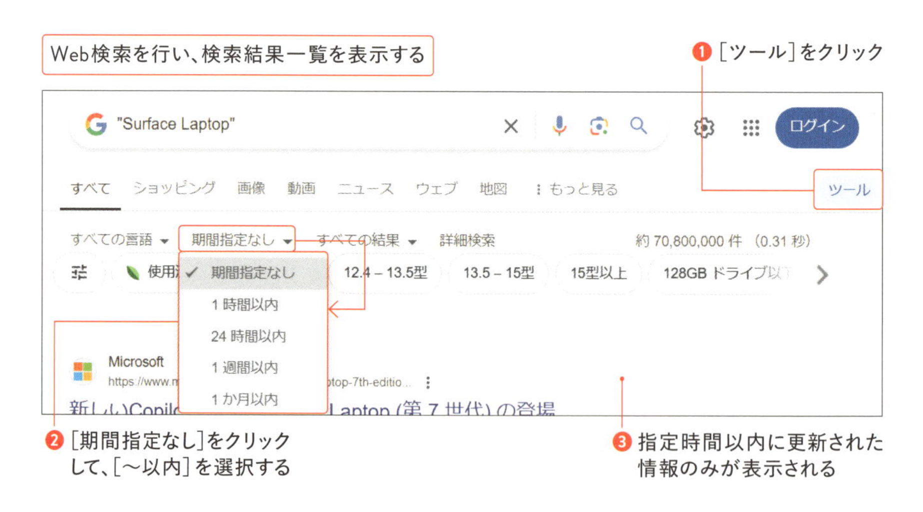

column Web検索で指定言語&地域の情報を取得する

検索結果は基本的に日本語記述のWebページが優先的に表示されますが、例えば他国で先行リリースされた製品の情報を知りたければ、他言語の文献のほうがより詳しい情報を取得できる可能性があります。

このようにWeb検索で言語や地域など詳細に指定したい場合は、［ツール］をクリックしたのちに、［詳細検索］をクリックして、各項目を指定します。

すべて　ショッピング　画像　ニュース　動画　ウェブ　地図　もっと見る　ツール
すべての言語　期間指定なし　すべての結果　詳細検索

column 特定のサイト内をWeb検索する

指定のWebサイト内（ドメイン内）を検索したい、という場面もあります。

例えば「Win11jp」(https://win11.jp/)というサイトで以前見た「Surface」の各種記事を探したいという場合は、「Surface site:win11.jp」と検索します。少し難しい指定になりますが、覚えておくと便利です。

［キーワード］site:［URL］
↑ 任意のキーワード　↑ 対象のWebサイトのURL

目的の画像をWebで探す

Web検索を行った後に、［すべて］の並びにある［画像］をクリックすれば、画像を検索することができます。

また、画像によって［イラスト］［フリー素材］などのカテゴリを指定して目的の画像を探すことができます。

Web検索を行い、検索結果一覧を表示する

❶［画像］をクリック

❷ さらに任意のカテゴリをクリック

❸ 検索結果として目的の画像一覧を表示できる

この写真は「どこ?&なに?」を検索する

仕事などで風景や商品を撮影したものの、「これはどこ？」「これはなに？」となってしまうことがあります。

こんな時に便利なのが「画像検索」です。該当の写真ファイルをGoogleのトップページにドラッグして、［ここに画像をドロップしてください］が表示されたらドロップします。

写真が「なにもの」であるかを検索結果で探ることができます。

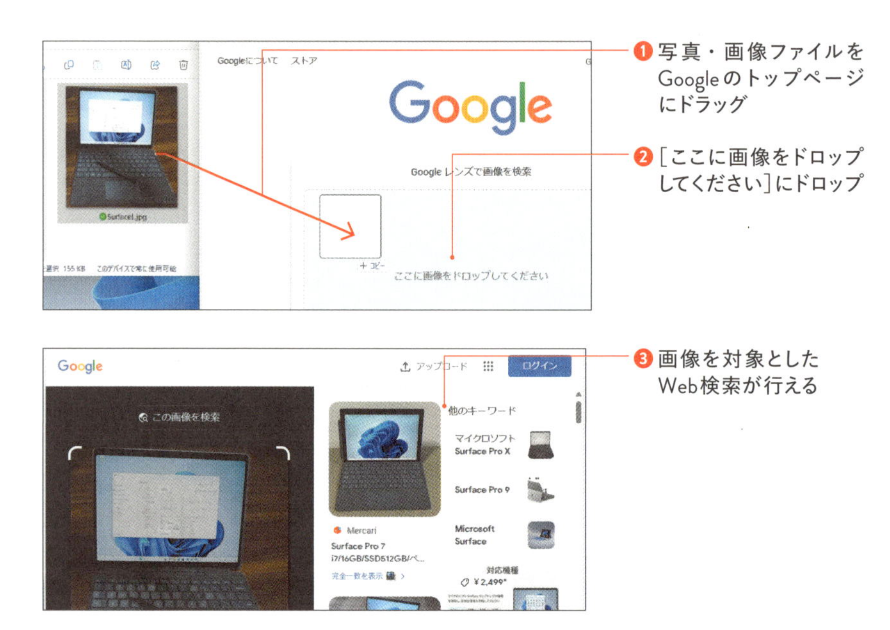

02 AIでらくらくクオリティアップ

無料のCopilotで仕事のクオリティアップ

Copilotは Windows標準の無料で利用できるAIです。初期投資なしでAIの機能を利用でき、質問に回答してもらうことや文章・画像生成が可能です。

例えばWordで議事録・提案書・報告書・企画書などを作成する際、あるいはOutlookでメールを作成する際、PowerPointでプレゼンテーションのスライドの素案を作成する際などに活用できます。

❶ Copilotアイコンをクリック

❷ Copilotを起動することができる

memo：Copilotには無料で使えるものと、サブスクリプション（月額／年額課金）のCopilot ProやMicrosoft 365 Copilotなどが存在しますが、本書解説は全ユーザーが利用できる無料のCopilotでのAI活用を解説しています。

Copilotに質問して回答してもらう

AIというと難しく感じるかもしれませんが、誰でも簡単に利用することができます。操作は「Copilot」を起動して質問を入力するだけです。

Web検索が検索一覧から複数のWebページを参照して情報を調べなければならないのに対して、Copilotであれば情報を探し回る手間が省け、明確な回答を得ることができます。

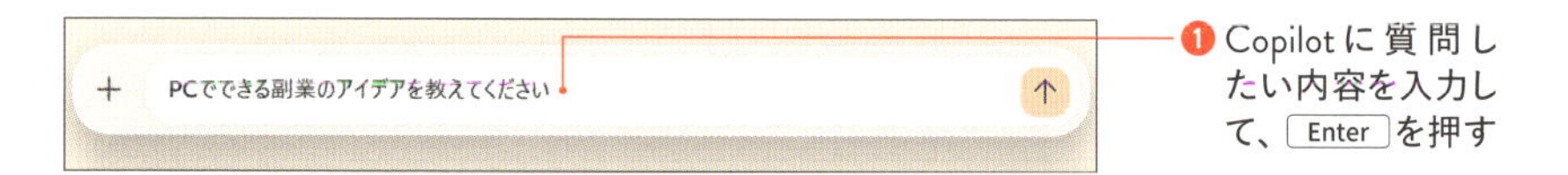

❶ Copilotに質問したい内容を入力して、Enterを押す

❷ AIによる回答を得ることができる

PCでできる副業のアイデアを教えてください

PCでできる副業にはさまざまな種類があります！ここにいくつかのアイデアを挙げてみますね。

1. **フリーランスライティング**: ブログ記事、ウェブサイトコンテンツ、技術マニュアルなど、さまざまな文章を作成する仕事です。
2. **オンライン教育・家庭教師**: 自分の得意な分野でオンライン授業や個別指導を行うことができます。
3. **グラフィックデザイン**: ロゴ、バナー、広告デザインなど、クリエイティブなデザインを求めるクライアントのために働くことができます。
4. **翻訳・通訳**: 外国語のスキルを活かして、文書や会話の翻訳・通訳を行います。
5. **データ入力・管理**: 企業のデータ入力やデータ管理の仕事も人気があります。
6. **オンラインショップ運営**: 自分で商品を作ったり、仕入れた商品をオンラインで販売することができます。
7. **プログラミング・Web開発**: ウェブサイトやアプリケーションの開発を行う仕事です。
8. **コンテンツクリエイター**: YouTube、ブログ、ポッドキャストなど、自分のコンテンツを作成して広告収入を得ることができます。

これらのアイデアの中で、特に興味があるものはありますか？さらに詳しくお話しできるかもしれません。

Copilotに情報をわかりやすくまとめてもらう

AIは情報をわかりやすく回答することや、情報をまとめることも得意です。

Copilotの回答がわかりにくい場合は「わかるように解説してください」とリクエストすれば、わかりやすくしてもらえます。また「～文字にまとめてください」とリクエストすれば、長い解説を短くまとめてくれます。

行動経済学について詳しく教えて下さい

行動経済学（Behavioral Economics）は、従来の経済学とは異なり、人間の心理や感情、認知の偏りを考慮して経済現象を分析する学問です。これにより、より現実的な人間の意思決定を理解しようとします。

基本的な概念

1. **限定合理性**: 人間は完全に合理的な意思決定ができず、情報の限られた範囲で満足する選択をします。
2. **ヒューリスティックス**: 短時間で意思決定を行うための簡便なルールや直感を使うこと。例えば、「すべての人がやっているから」という理由で選択することがあります。
3. **プロスペクト理論**: 人は利益よりも損失を大きく感じる傾向があります。これにより、リスク回避やリスク選好が状況によって異なります。

重要なトピック

❶「行動経済学について詳しく教えて下さい」で回答を得る

小学4年生でもわかるように解説してください

もちろん！行動経済学を小学4年生向けに説明しますね。

行動経済学ってなに？

行動経済学は、人間がどんな風にお金を使ったり、選んだりするのかを研究する学問です。普通の経済学は、「人はいつも賢い選択をする」と考えますが、行動経済学は「人はときどき変な選択もする」と考えます。

基本的なアイデア

1. **考えすぎない**: 人はすべてのことを細かく考えずに、すばやく決めることがあります。例えば、お店でお菓子を買うとき、いつも同じお菓子を選ぶのは、考えなくても済むからです。
2. **失敗が怖い**: 人は損をするのを嫌がります。例えば、ゲームで1点でも失うとすごく悲しいけれど、1点得てもそんなに嬉しくないことがよくあります。
3. **みんなと同じが安心**: 他の人がやっていることを真似することがよくあります。例えば、クラスのみんなが新しいゲームを持っていると、自分も欲しくなることです。

どんなことに使われるの？

❷ 続けて「小学4年生でもわかるように解説してください」と指示

❸ わかりやすい回答を得ることができる

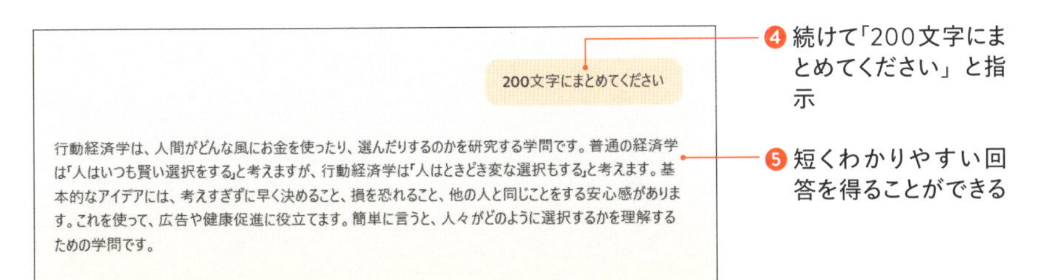
200文字にまとめてください

行動経済学は、人間がどんな風にお金を使ったり、選んだりするのかを研究する学問です。普通の経済学は「人はいつも賢い選択をする」と考えますが、行動経済学は「人はときどき変な選択もする」と考えます。基本的なアイデアには、考えすぎずに早く決めること、損を恐れること、他の人と同じことをする安心感があります。これを使って、広告や健康促進に役立てます。簡単に言うと、人々がどのように選択するかを理解するための学問です。

❹ 続けて「200文字にまとめてください」と指示

❺ 短くわかりやすい回答を得ることができる

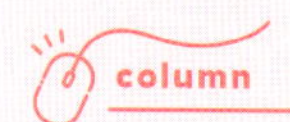

専門家として回答してもらう

何か困ったときにはプロや専門家に答えてほしいものですが、AIにおいてプロとして答えてほしい場合は、質問の一行目に「あなたは～のプロです」などと入力します。

例えば、職業能力や職業の選択について相談したければ、「あなたは評価の高いキャリアコンサルタントです」と入力してから質問をすると、精度が高い回答を得ることができます。

つたない文章をAIできれいな文章にしてもらう

つたない箇条書きのアイデアは並べたものの、具体的にどういう文章にすべきかわからないときがあります。

例えば「A社の担当者Bと30分のオンライン会議を来週に開きたい」「相手に時間の都合を聞きたい」「内容はプロジェクトZについてである」などの要素を、具体的にメール文として書き起こしてほしい場合は、そのままCopilotに聞いてしまえばOKです。

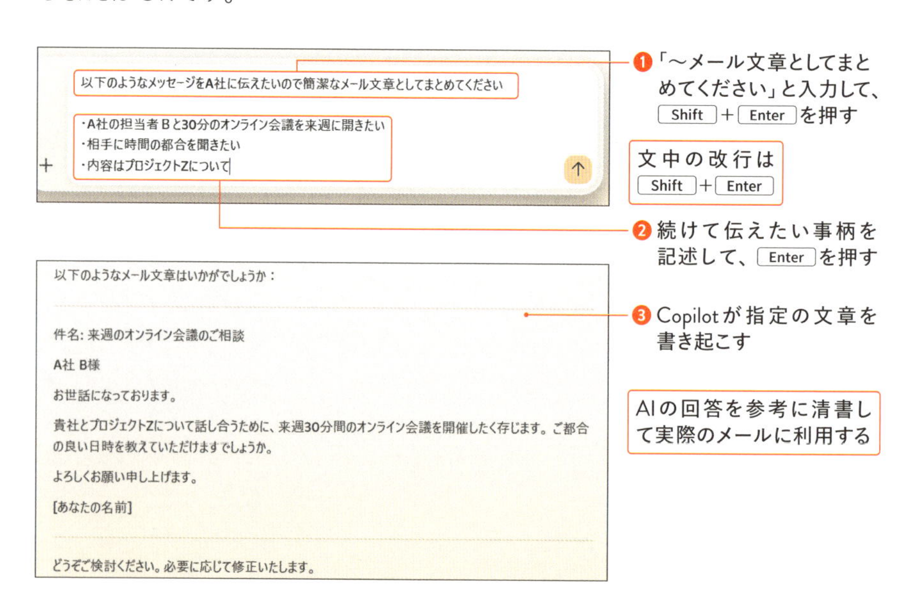

memo：AIは入力（送信）した情報を学習するため、個人情報や機密情報は入力を控えるようにします。

Copilotで画像を生成する

Copilotは画像を生成することも可能です。画像のイメージなどを提案してほしい場合は、画像に含みたい要素などを指定したうえで「～の絵を作成してください」などと指定すれば、AIが画像を生成してくれます。

memo：Copilotで生成した画像の利用は「使用条件」などを確認します（時事で使用条件は変化）。なお、一般的に生成した画像の利用はユーザーの責任であり、著作権侵害などを指摘された場合は自社対応になるため、商用利用は控えて社内利用に留めることを推奨します。

column さまざまな場面でのCopilotの活用

ここで解説したCopilotの活用はほんの一部であり、そのほかにもさまざまな活用方法があります。Copilotはその名称のように「Co-Pilot」（副操縦士）なので、自分の仕事を助ける補助として積極的に活用しましょう。他節でもCopilotの活用は随所で解説していきます。

なお、AIの回答が常に正確であるとは限りません。特に重要な意思決定や提出物の作成でAI回答を利用する場合は、誤った情報ではないかを人間の目で必ずチェックするようにします。

情報を縦横無尽に横断するためのブラウザーテクニック

検索サイトを開かずにアドレスバーから検索する

Web検索はGoogleがメジャーであり、「ググる」(Googleで検索する)などの言葉がありますが、いちいち「https://www.google.com/」を開いて検索するのは面倒です。

ここで活躍するのがWebブラウザー(Microsoft EdgeやGoogle ChromeなどWebページを見るためのアプリ)のアドレスバーで、**アドレスバーに検索キーワードを入力して Enter を押せば、すぐにWeb検索を行うことができます。**

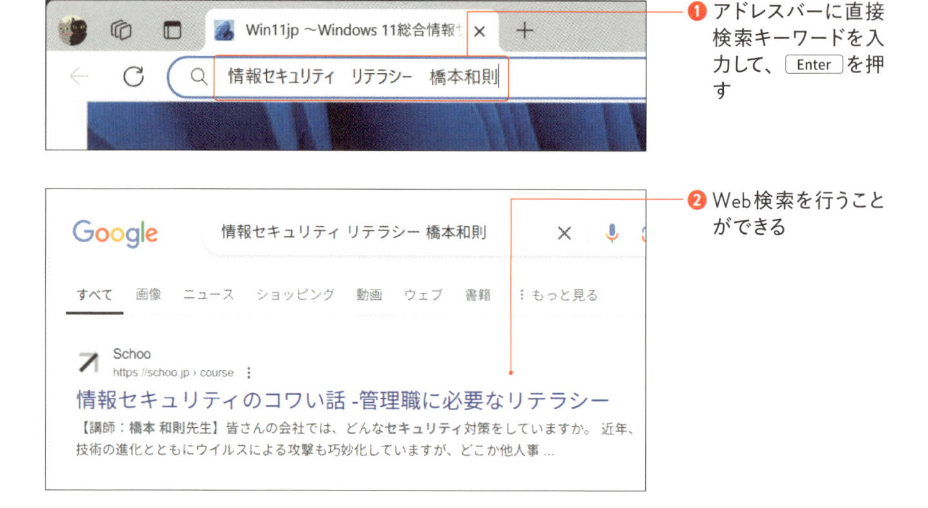

column Microsoft Edgeのアドレスバー検索をGoogleにする

Microsoft Edgeのアドレスバーにキーワード入力して検索すると「Bing」によるWeb検索になりますが、これをGoogleにしたい場合は、[…] →[設定] から [プライバシー、検索、サービス] にある [アドレスバーと検索] をクリックします。[アドレスバーで使用する検索エンジン] から、[Google] を指定すればアドレスバーからの検索をGoogleにできます。

表示しているWebページの中身から情報を探す

文章が多く縦に長いWebページを見ていると、「該当キーワードがある位置を探したい」ということがあります。その場合はMicrosoft Edgeであれば [⋯] → [ページ内を検索] から、キーワードを入力することでWebページの該当キーワードに素早くジャンプできます。

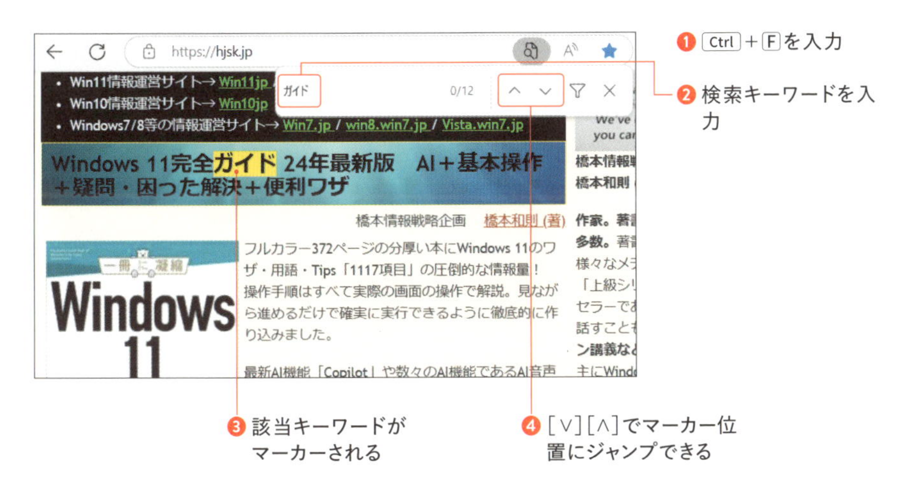

memo：「ページを内検索」は、ショートカットキー Ctrl + F が割り当てられているので、即座に検索して該当位置にジャンプしたい場合は便利です。

海外Webページを翻訳して情報取得する

特定のニュースや業界の情報は海外メディアのほうが早い場合が多く、ビジネスシーンでは海外ニュースを参照することもありますが、そんな時に便利なのが「翻訳」です。Microsoft Edgeでは海外ページを簡単に翻訳できます。

海外Webページにアクセス

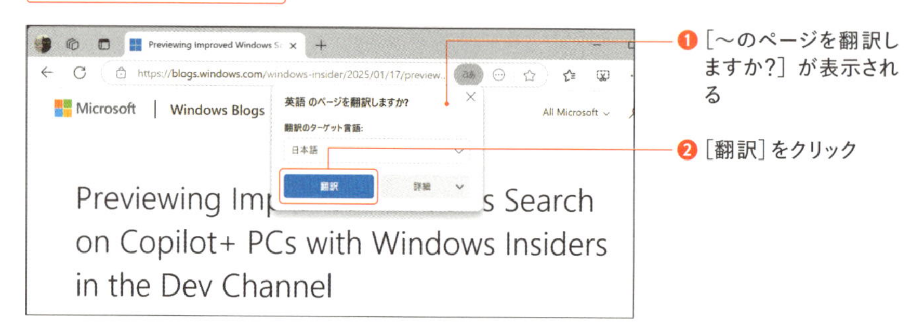

❶［～のページを翻訳しますか?］が表示される

❷［翻訳］をクリック

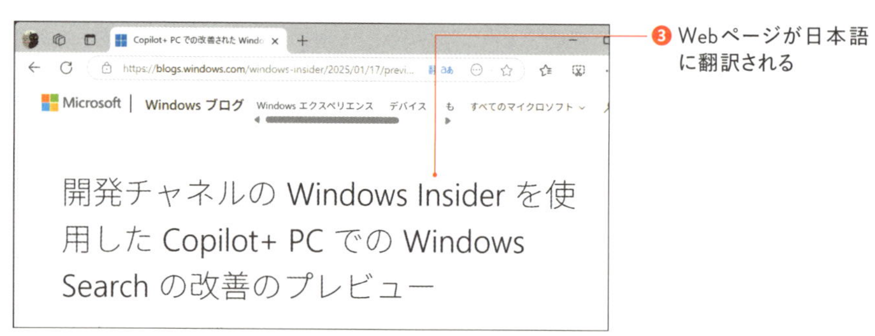

❸ Webページが日本語に翻訳される

memo：「翻訳しますか」が表示されない場合は、Webページを右クリックして、ショートカットメニューから［日本語に翻訳］を選択します。

Webを自分の目で追わずに内容を理解する

情報取得は自分の目で追う（読む）必要がありますが、他の作業をしながらWebに記述された情報を知りたい場合は、「音声読み上げ」を活用してもよいでしょう。

該当内容をPCが読み上げてくれるのでラジオ感覚でニュースや業界情報を確認することができます。

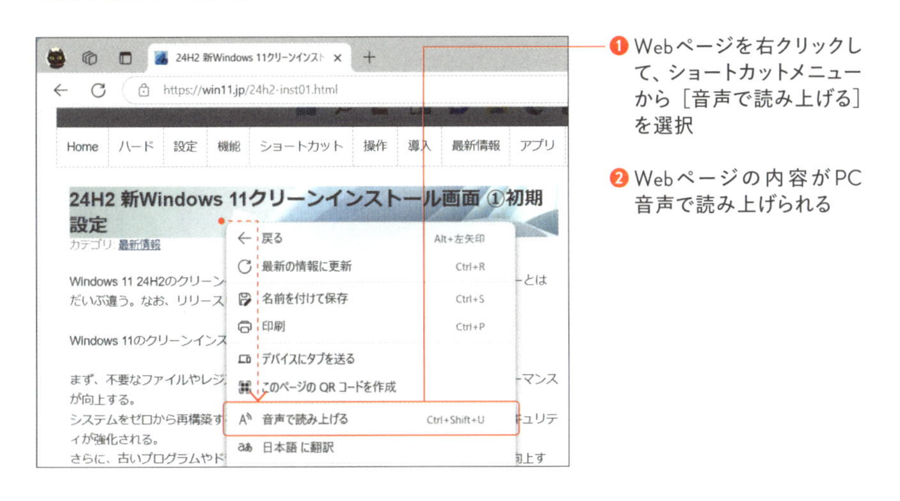

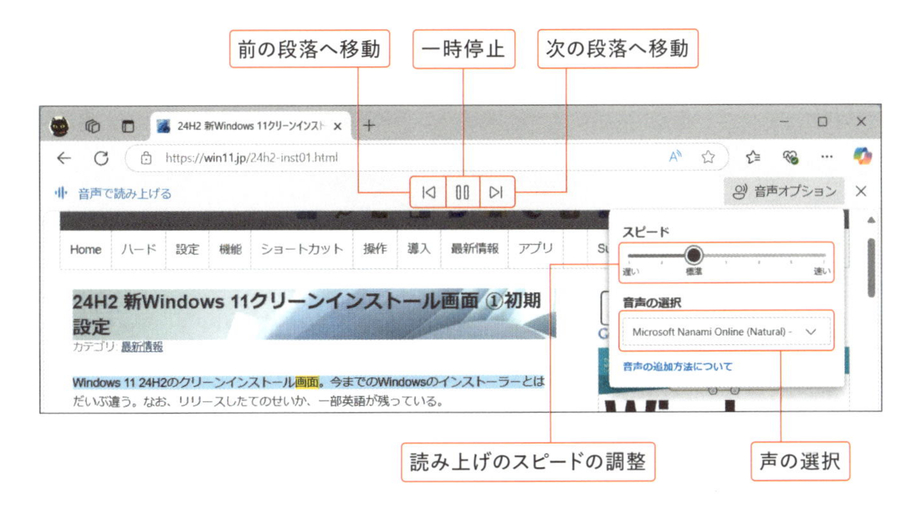

思わず閉じてしまったWebを再表示する

Webブラウザーのタブを閉じてしまった後に、閉じたタブを再度表示したい場合があります。この場合は、任意のタブを右クリックして、［閉じたタブを再度開く］を選択することで閉じてしまったタブを素早く復元できます。

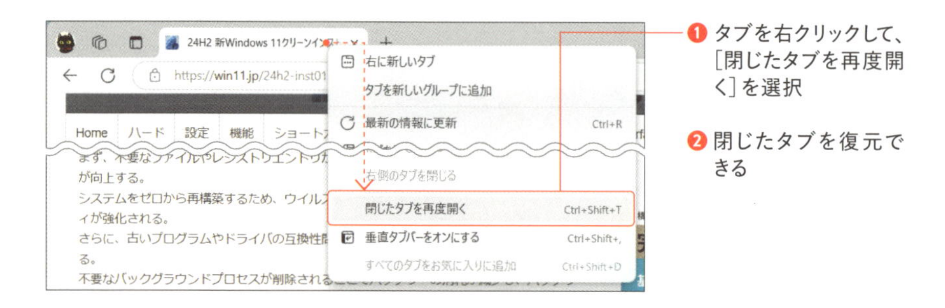

履歴から以前に見たWebを簡単に開く

最近アクセスしたWebページを一覧で確認したい場合は、Microsoft Edgeであれば［…］→［履歴］でアクセス履歴を表示できます。履歴の一覧から見たいWebページをクリックしてアクセスできます。

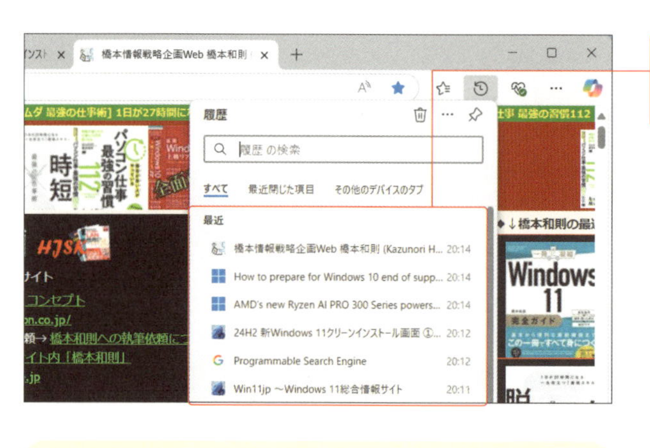

過去に閲覧したWebの履歴にアクセスできる

memo：［履歴］によくアクセスする場合は、ショートカットキー Ctrl + H を覚えてしまうと便利です。

キーワードを入力しないで検索&Copilotに質問する

Webページを参照する中でわからない単語や、文章内容の理解をもっと深めたい場合は、ドラッグして対象を選択します。ミニメニューが表示されるので［Bingで検索］あるいは［Copilotに質問する］を選択します。**該当キーワードのWeb検索あるいはAI回答を得ることができ、内容の理解を深められます**。

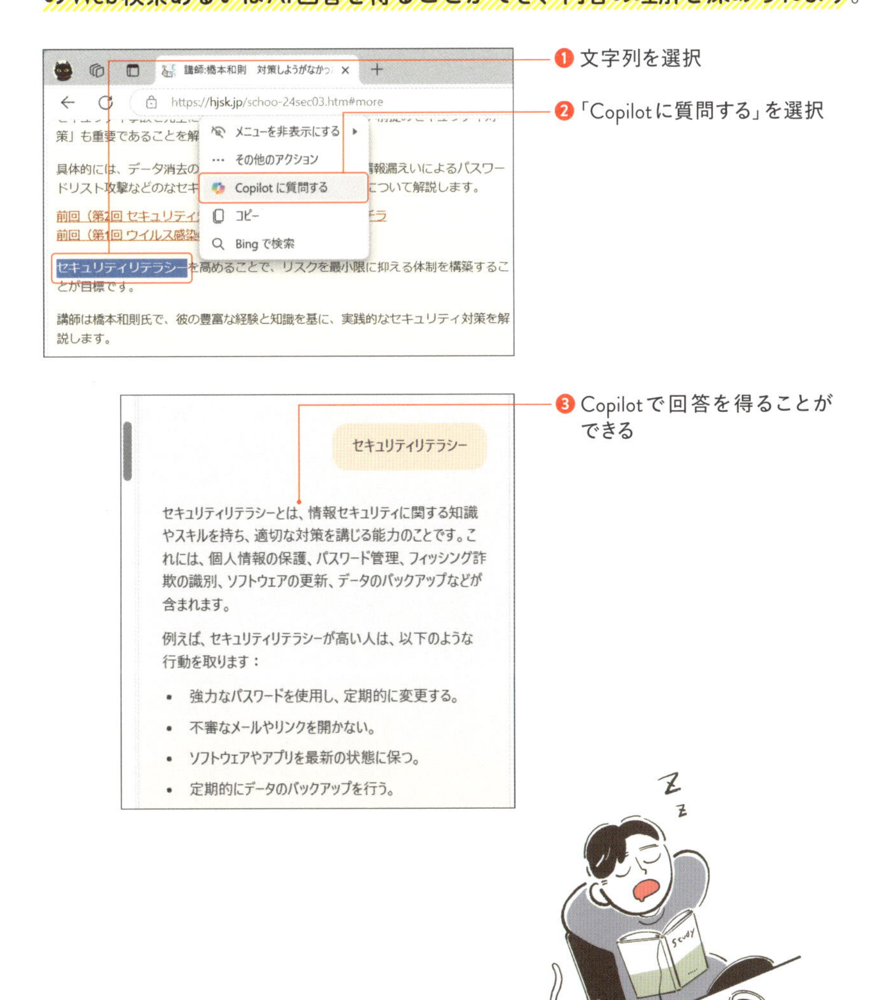

04 情報管理のためのブックマーク

ブックマークの利点

検索サイトで目的のWebページを開ける現代では、「Webブラウザーのブックマーク」(お気に入り) はやや軽視されていますが、実はさまざまなメリットがあります。

ブックマークによく使うWebサイトを保存しておけば、ワンクリックで素早く該当サイトにアクセスできるほか、フォルダーで管理すれば毎日見るWebページを一気に開くこともできます。

また、**ブックマークはフィッシング詐欺の対策としても効果的である**ことも特徴です。

> memo：Webページのリンクを保存しておくことをブックマークといいます。なお、Microsoft Edgeでは「お気に入り」という名称になります。

ブックマークにWebサイトを登録する

よく見るWebサイト (Webページ) はブックマークに登録します。また毎日見る複数のWebサイトがあるのであれば、[お気に入り] にフォルダーを作成して登録するとよいでしょう。例えば、毎日巡回する複数のニュースサイトであれば「ニュース」というフォルダーを作成して登録します。

登録したいWebサイトを開く

［お気に入り］にアクセスしてブックマークを開く

Microsoft Edgeのアドレスバーの右横にある［お気に入り］をクリックすれば、お気に入りの一覧にアクセスできます。ここから任意のWebサイトをクリックすれば、該当Webサイトにアクセスできます。

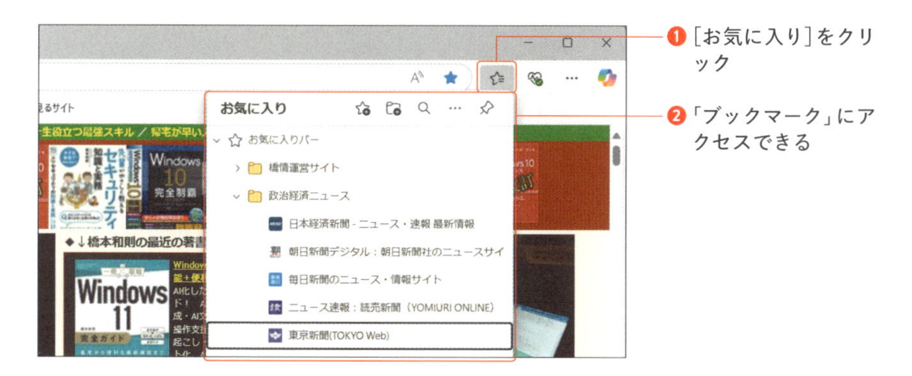

Webサイトを一気に開いて効率的な情報収集

お気に入りを特定のフォルダーにまとめておけば、Webブラウザーで**ブックマークのフォルダーを一気に開くことができるので情報収集が捗ります**。

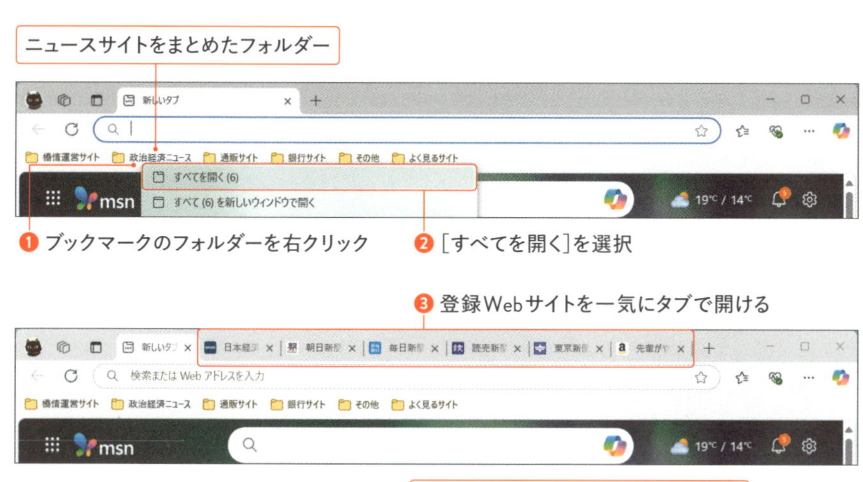

column フィッシング詐欺の対策にも有効なブックマーク

フィッシング詐欺とは、「あなたのアカウントが不正利用されている」などのメッセージで騙し、偽のWebサイトに誘導して個人情報を入力させ、アカウントなどを盗む行為を指します。

最近では、銀行のウェブサイトで預金がなくなったり、サービスのウェブサイトで勝手に買い物をされたりする被害が多発しています。これらの被害は、メールのリンクをクリックすることによって発生しています。

このような被害を防ぐためには、ログインが必要なサイトをブックマークに登録し、Webブラウザーのブックマークからアクセスするようにします。

Essential PC Skills for
Confident Work

3章
Outlookで漏れなくメールと予定を管理する

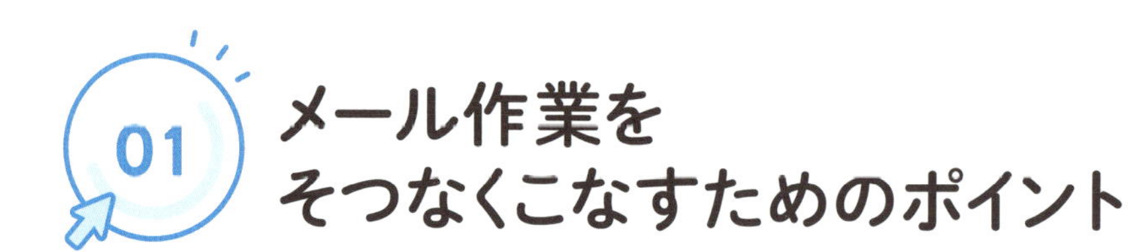

01 メール作業をそつなくこなすためのポイント

ビジネスメールを作成する際に気を付けるべきマナー

ビジネスメールを作成する際には、以下のポイントに気を付けるとよいでしょう。

部位名	気を付けるべきポイント
Ⓐ宛先	宛名は正確に記載。間違えると相手にメールが届かないばかりか、情報漏えいに繋がる可能性がある。既にメールをやり取りしたことがある相手であれば「返信」（あるいは「全員に返信」）や「連絡先」を活用して手入力しないことが大切。また、CCとBCCの使い分けも重要
Ⓑ件名	自分からメールを送る場合、件名は簡潔かつ具体的にする。また返信の場合は基本的に件名を変更しない。これはメール管理においてスレッド表示（グループ化）を行っている場合、同じ件名の内容をひとまとめに表示するため
Ⓒメール本文（メッセージ）	相手にわかりやすく簡潔に記述することが求められる。敬語は正しく使う必要はあるものの、過剰な丁寧語よりも相手に伝わることを重視すべき。本文最後には「署名」を挿入する

memo：メールにおいて「内容」を考えながら「敬語」まで配慮してメッセージを書くと、時間がかかってしまったり肝心の内容が抜け落ちてしまったりすることがあります。そのようなときには「内容」の記述に注力して、メッセージにおける敬語への変換などはAI（Copilot）に助力してもらうとよいでしょう。

Outlookの画面構成

Outlookでは「フォルダーウィンドウ」「ビュー」「閲覧ウィンドウ」の3つのウィンドウペイン（区画）が並んでおり、フォルダーの選択に従ったメールの一覧が「ビュー」表示され、また「ビュー」の選択に従ったメールの内容が「閲覧ウィンドウ」に表示されます。

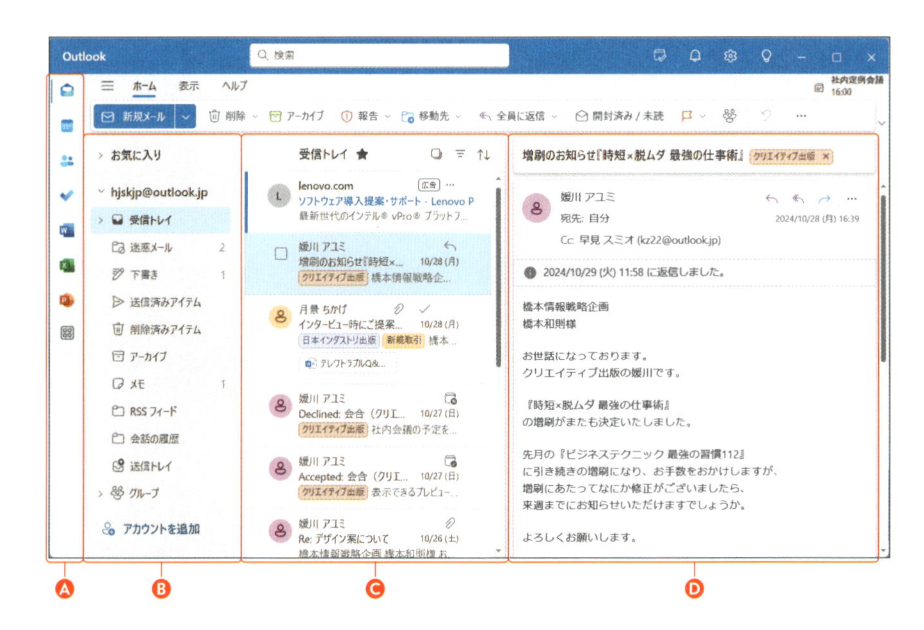

部位名	説明
Ⓐナビゲーションバー	メール、予定表、連絡先などに切り替えることができる
Ⓑフォルダーウィンドウ	メールのフォルダー一覧が表示されている。任意のフォルダーをクリックして選択することにより、ビューの表示を切り替えることができる
Ⓒビュー	フォルダーウィンドウで選択したフォルダーに従ったメールの一覧が表示される
Ⓓ閲覧ウィンドウ	「ビュー」で選択しているメールの内容が表示される

memo：Outlookをデスクトップで展開するうえで窮屈に感じる場合は、フォルダーウィンドウを非表示にしてしまうのも手です。[表示]→[フォルダーウィンドウ]→[フォルダーの一覧]→[非表示にする]で、結果的にOutlookの閲覧ウィンドウを広く表示することができます。

ビューを軸に操作すればOK

Outlookは3ウィンドウ構成であるため画面がごちゃごちゃしていますが、**「ビュー」を軸に操作すればOKです**。ビューでメールを見つけてクリックすれば閲覧ウィンドウでメール内容を閲覧できます。またビューのメールをダブルクリックすれば独立したウィンドウでメール内容を閲覧できます。

スレッド表示（グループ化）の解除でわかりやすく管理

Outlookでメールのスレッド表示（会話のグループ化）では、同じ件名の送受信メールがまとめて一つに表示されます。**この表示はメールの履歴を追いやすい反面、最新のメールを確認しづらいなどの側面があります。**

特にスレッド表示にしておく理由がない場合は、スレッド表示を解除してメールを最新日付順で管理するとよいでしょう。

□ スレッド表示（グループ化）

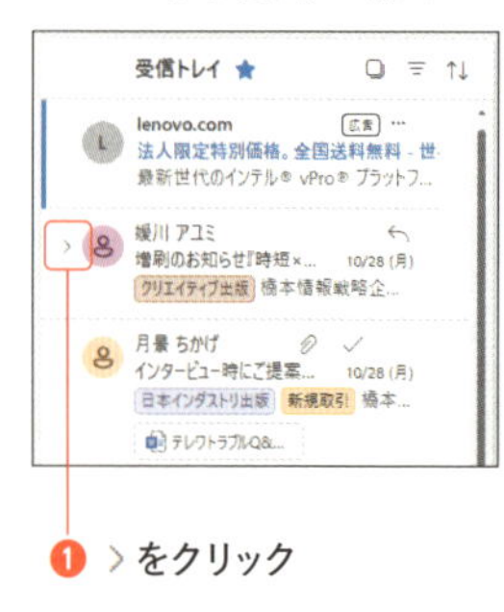

❶ ＞をクリック

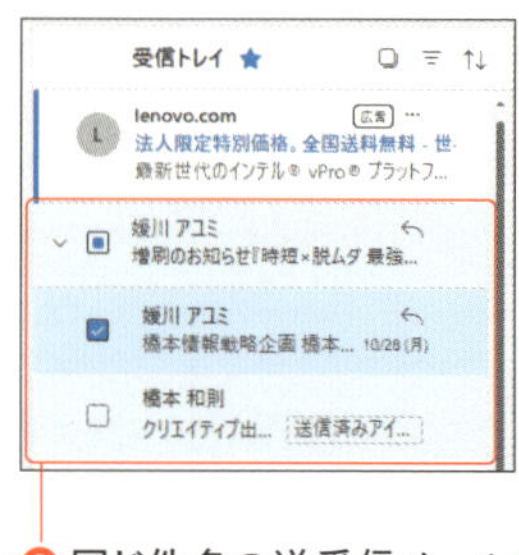

❷ 同じ件名の送受信メールが展開表示される

「スレッド表示」とは会話をグループ化すること

□ スレッド表示の無効化

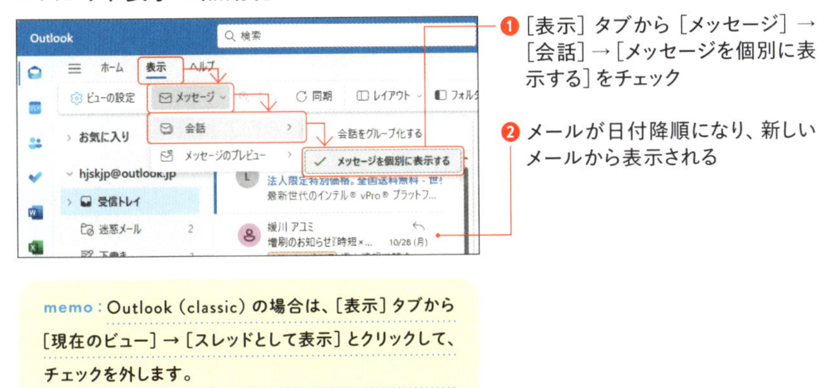

memo：Outlook（classic）の場合は、［表示］タブから［現在のビュー］→［スレッドとして表示］とクリックして、チェックを外します。

新しいOutlookとOutlook 2024／Microsoft 365のOutlookの違い

Windowsで利用できるOutlookには、Windows 11の標準アプリである「新しいOutlook」と「Outlook 2024とMicrosoft 365のOutlook」（Outlook（classic）とも表記される）の二種類があります。大まかな機能は変わらず、よりWeb版Outlookに近いインターフェースが「新しいOutlook」、以前からOutlookを活用している環境では互換性が高いのが「Outlook（classic）」です。

本書では「新しいOutlook」の操作を基本に、Outlook（classic）の解説も併記しています。

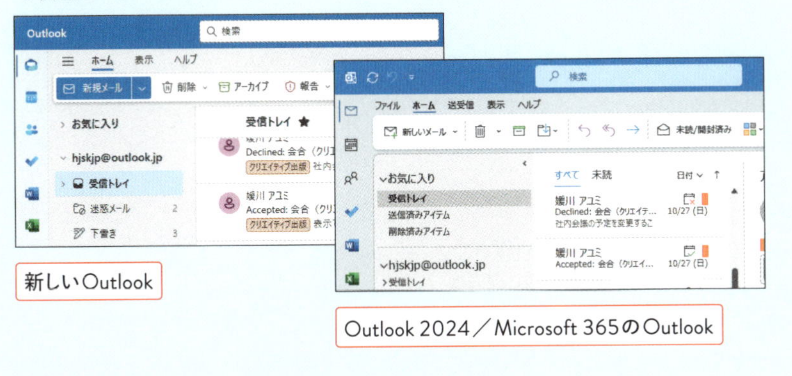

新しいOutlook

Outlook 2024／Microsoft 365のOutlook

02 メール作成と宛先

メールの宛先指定は「返信」が便利

メールを作成する際、**宛先にメールアドレスを手入力することはできる限り避けるようにします**。なぜなら、打ち間違いによって重要な内容が相手に届かないだけでなく、情報漏えいのリスクもあるからです。

致命的なミスを防ぐためには、「連絡先」（Outlookのアドレス帳機能）でメールアドレスを管理することが理想になりますが、既に取引がある相手であれば宛先を正確に指定できる「返信」を活用するとよいでしょう。

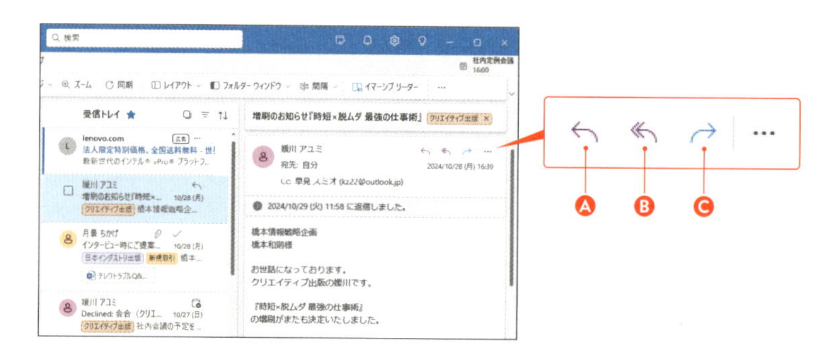

memo：ビューから該当メールを右クリックして、ショートカットメニューから［返信］あるいは［全員に返信］を選択しても返信できます。

Ⓐ返信	メールを返信する
Ⓑ全員に返信	「CC」も含めて返信する
Ⓒ転送	メールをそのまま転送する

メールの作成や返信はポップアウトして便利に

Outlookの既定では、メール作成が閲覧ウィンドウ内で行われるため、相手のメールを確認しながらメッセージを書くのが難しい場合があります。

しかし、［新しいウィンドウで開く］をクリックすることで、独立したウィンドウでメールを作成でき、相手のメールも確認しやすくなるため作業がぐっとスムーズになります。

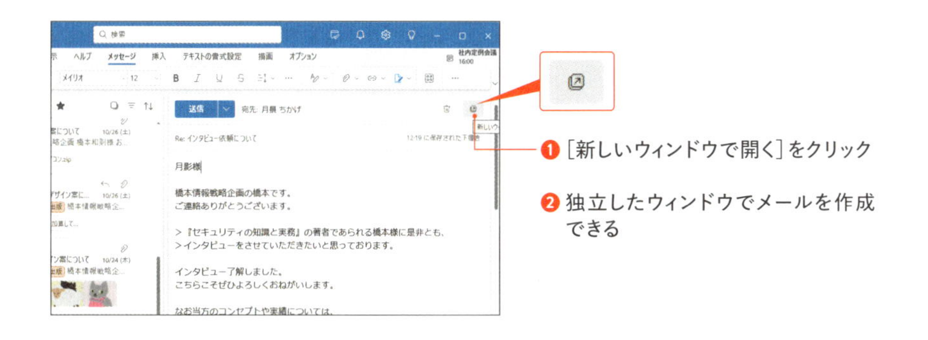

memo：Outlook（classic）の場合は、［ポップアウト］をクリックして独立したウィンドウでメールを作成できます。

宛先/CC/BCCの使い分け

一般的なビジネスにおいては、宛先/CC/BCCの使い分けは次ページの表に従います。なお、返信の場面においては相手からのメールにCCが記述されているのであれば、CCを含めて返信する［全員に返信］を選択します。

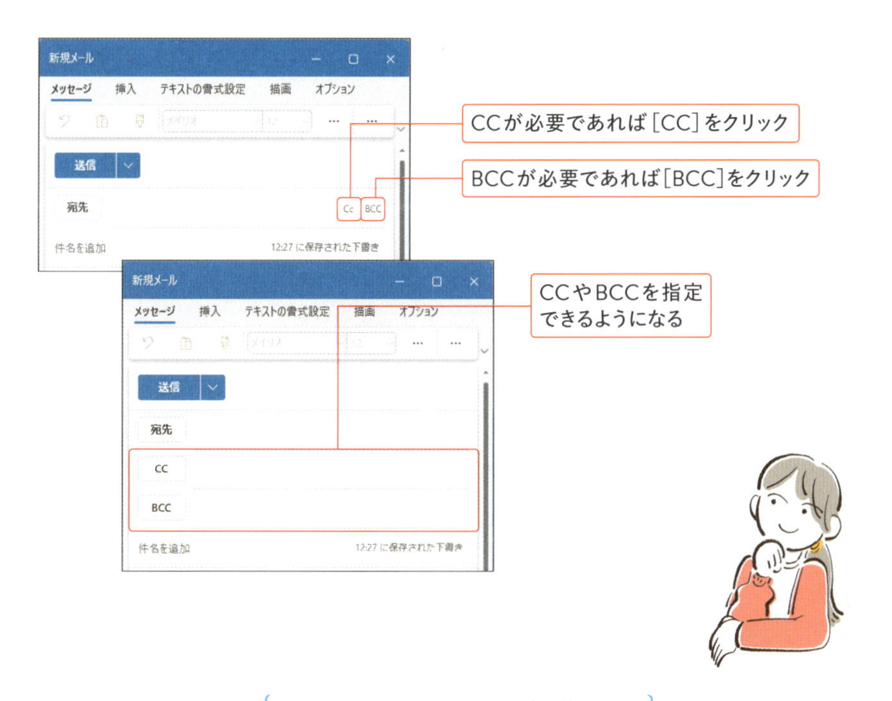

部位名	説明
宛先（To）	メールの主な受信者を指定。直接対応が必要な人や情報を確実に伝えたい人のメールアドレスをここに入力
CC	参考としてメールを送る人のアドレスを指定。情報共有が必要な人、例えば担当の上司や関連部署のメールアドレスを入力
BCC	他の受信者には見えない形でメールを送りたい場合に使用。相手にアドレスを見せたくはないが情報を共有したいなどプライバシー保護が必要なメールアドレスを入力

memo：Outlook（classic）において、メッセージウィンドウであれば［オプション］タブ→［…］→［BCC］をクリックします。閲覧ウィンドウであれば［メッセージ］タブ→［…］→［BCC］をクリックします。

memo：新しいPCを導入した際やOutlookに新たにメールアドレスをセットアップした際、メールが正常に送受信できるかを確認したい場合は、宛先に自分のメールアドレスを指定して、テストメールを送信して、受信できるかで正常性を確認できます。

column 心の余裕が生まれるメール返信術

相手への迅速なメール返信は、精神的な余裕を生み、ストレスの軽減にも繋がります。そのため、受信メールにはすぐに返信することが理想的です。もちろん、ビジネスの場では他の業務との兼ね合いで即座に返信できないこともありますが、そのような時には「フラグ」を使って返信のタイミングを管理しましょう。

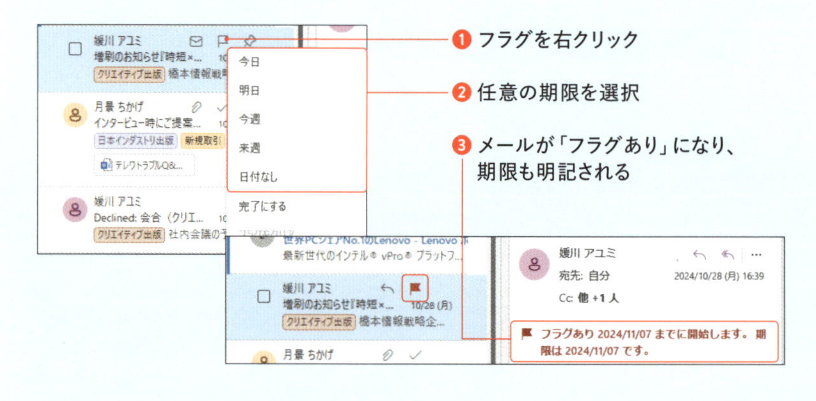

03 AI活用でメール本文記述に悩まない

メール本文記述の際のポイント

メール本文記述においては、「簡潔に要点を伝える」ことを心がけましょう。長い文章は避け、重要な情報は箇条書きにすると読みやすくなります。また、文章のまとまりごとに1行空けると視認性が高く読みやすくなります。

メールにおいては過度な書式設定は避けるようにして、レイアウトが必要な情報を相手に示したい際は、WordやPowerPointなどで資料を作成したうえで、相手にとって読みやすく確実に表示できるデータ形式（PDFなど）にしてファイルとして添付します。

memo：Outlookでは文字装飾や画像などを挿入できる「HTML形式」が基本設定ですが、相手のメールソフトは文字しか表示できない「テキスト形式」を基本としている場合があります。そのような意味でも、できる限りメール作成時は書式設定を避けるのが基本です。

AIを活用して悩まずメール本文を作成する

ビジネスメールは慣れないと書くのが難しいですが、こんな時に活用したいのがAIです。

例えば、「短納期で収めていただき感謝、今後の取引も継続したい」というメールを書きたければ、Copilotに「以下の要点をまとめてビジネスメールとして失礼のない文章にしてください」などと指示して、要点を書いて回答を得ます。

以下の要点をまとめてビジネスメールとして失礼のない敬語の文章にしてください。

・短納期で収めていただき感謝
・今後の取引も継続したい

❶「以下の要点をまとめてビジネスメールとして失礼のない敬語の文章にしてください」と入力

❷ メールで伝えたい要点を記述

以下のような文章はいかがでしょうか。

件名：納品の御礼と今後の取引について

〇〇株式会社 〇〇様

平素より大変お世話になっております。株式会社△△の〇〇でございます。

この度は、短納期にもかかわらず、迅速にご対応いただき、誠にありがとうございました。おかげさまで、弊社の業務も円滑に進めることができ、大変感謝しております。

今後とも、御社とのお取引を継続してまいりたいと考えておりますので、引き続きご指導ご鞭撻のほどお願い申し上げます。

何卒よろしくお願い申し上げます。

❸ AIがビジネスメールとして清書してくれる

memo：AIが示すのはあくまでも文章の一例です。ビジネスメールとして問題がないかを読んで確認したうえで、必要な場所は書き換えてメールを完成させます。

AIでメール文章にミスがないかを確認する

メールを書いた後に丁寧語や用語のミスがないかなどを確認したい場合にも、Copilotを活用します。

Copilotのプロンプトに「以下の文章がビジネスメールとして問題がないかを確認してください」などと指示して、自分の書いたメール本文を次行以降に貼り付けます。

memo：生成AIはこちらが送信した内容を学習する可能性があります。そのため、社名や個人名、または機密情報などが含まれる場合はそのまま貼り付けずに異なる文字列に置き換えるなどの対処が必要です。

下の文章をビジネスメールとして問題がないものに書き換えてください。また、問題のある箇所を指摘してください。

ご連絡ありがとございます。

インタビュ一件、了解しました。
こちらこそ当日はろしくおねがいします。

読者に響く&役立つ内容ををまとめておきますね。

ちなみにオンラインであれば平日昼間、オフラインであればインタビューの場所をあらかじめ近くに用意していただければ伺わせていただきます。

以上、よろしくお願いします。

❶「下の文章をビジネスメールとして問題がないものに書き換えてください。また、問題のある箇所を指摘してください。」と入力

❷ 次行に自分の書いたメールを貼り付ける

以下の文章をビジネスメールとして修正し、問題点を指摘します。

件名: インタビューの件について

〇〇様

ご連絡ありがとうございます。

インタビューの件、承知いたしました。当日、どうぞよろしくお願いいたします。

読者に響き、役立つ内容を準備しておきます。

なお、オンラインインタビューの場合は平日昼間が希望です。オフラインインタビューの場合、インタビュー場所のご準備をお願いします。事前に場所をお知らせいただけますと助かります。

よろしくお願いいたします。

〇〇

問題点

1. **「ご連絡ありがとございます」**: 「ありがと」が誤字です。「ご連絡ありがとうございます」と修正しました。
2. **「インタビュ一件、了解しました」**: 「インタビューの件、承知いたしました」と修正しました。ビジネスメールでは「承知いたしました」を使う方が丁寧です。
3. **「こちらこそ当日はよろしくおねがいします」**: 「おねがいします」も誤字です。「当日、どうぞよろしくお願いいたします」と修正しました。
4. **「読者に響く&役立つ内容ををまとめておきますね」**: 「響く&役立つ内容」と「をを」が誤字です。「読者に響き、役立つ内容を準備しておきます」と修正しました。
5. **「ちなみにオンラインであれば平日昼間、オフラインであればインタビューの場所をあらかじめ近くに用意していただければ伺わせていただきます」**: この文は口語的すぎます。「オンラインインタビューの場合は平日昼間が希望です。オフラインインタビューの場合、インタビュー場所のご準備をお願いします。事前に場所をお知らせいただけますと助かります。」と修正しました。

❸ AIが文章の問題点を修正して、きれいなビジネスメールに書き直す

脱字を直している

誤字を直している

口語的すぎる記述を変更している

memo： 単純な誤字や脱字・表現の揺れなどをチェックしたい場合は、Wordの文章校正機能も有効です。一度メール文章をWordに貼り付けて、文章校正を実行します（P.162参照）。またこの方法はAIとは異なり学習されない（個人情報や情報漏えいを気にしなくてよい）点もポイントです。

04 相手に信頼してもらうための署名

署名に記述すべき内容

ビジネスメールにおいては**連絡先情報をメールの末尾に「署名」として記述しておくことで、メールの信頼性を向上させ、相手を安心させる効果があります**。署名に含めるべき情報は主に以下のような項目になります。

要素	具体的な内容
A 区切り線	「―」や「-」「=」「～」など
B 会社名	正式名称を記載
C 部署・職位	任意で記載
D 名前	基本的にフルネーム、読みにくい場合はフリガナやローマ字
E メールアドレス	有効なメールアドレス
F 郵便番号/住所	会社の情報に合わせる
G 電話番号	必要に応じて内線番号や携帯電話なども
H 自社のアピールやWebサイト情報	任意で記載

memo：署名にスローガンや実績など自社のアピールポイントなどを含めれば、仕事の可能性を広げることができます。

署名の作成と設定

いちいちメールごとに署名を入力するのは面倒です。**Outlookであらかじめ署名を作成しておけば、メール作成時に選択挿入あるいは自動挿入することができます**。

なお、署名は複数作成可能なので、すべての情報を記述する「ビジネス用」、名前とメールアドレスのみの「シンプル」など、複数の署名を作成して場面によって使い分けるようにするとよいでしょう。

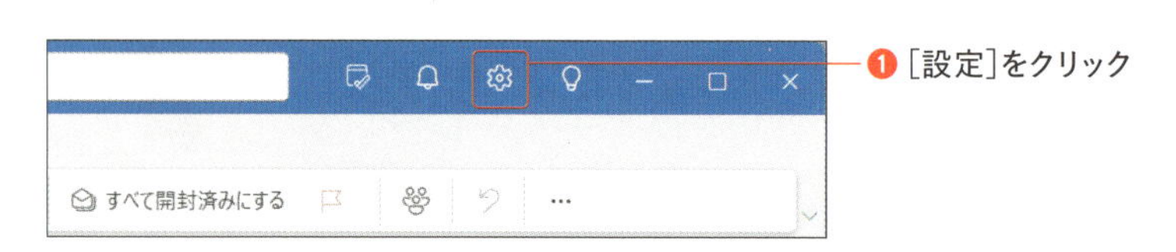

❶［設定］をクリック

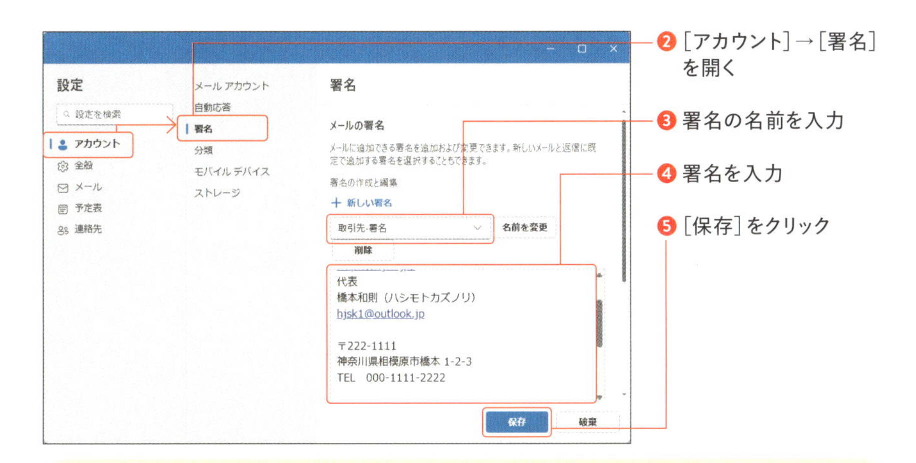

memo：Outlook（classic）の場合は、［ファイル］タブから［オプション］をクリックして、［Outlookのオプション］ダイアログの［メール］から［メッセージの作成］欄内、［署名］をクリックして作成します。

自動的に署名を挿入する

メールに対して署名をいちいち指定するのではなく、自動的に任意の署名を挿入したい場合は、［メールの署名］設定で新規メールであれば［新規メッセージ用］で、返信メールであれば［返信／転送用］で任意の署名を指定します。

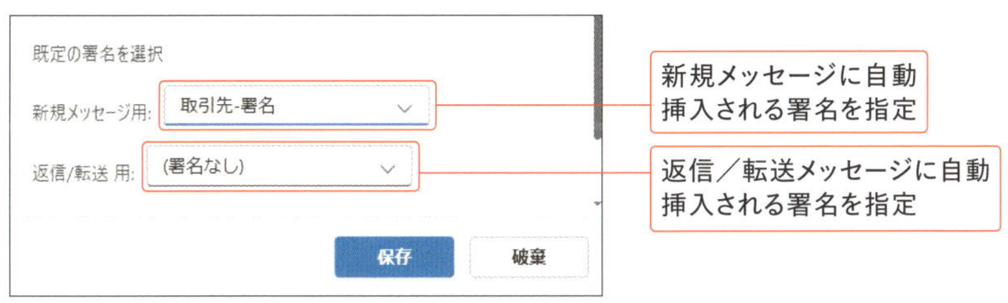

メール作成画面で署名を切り替える

新規メールや返信メールなどには、[メールの署名] 設定で指定した署名が自動挿入されます。なお、メール作成時に任意の署名に切り替えたい場合は、[挿入] タブの [署名] で任意に切り替えることもできます。

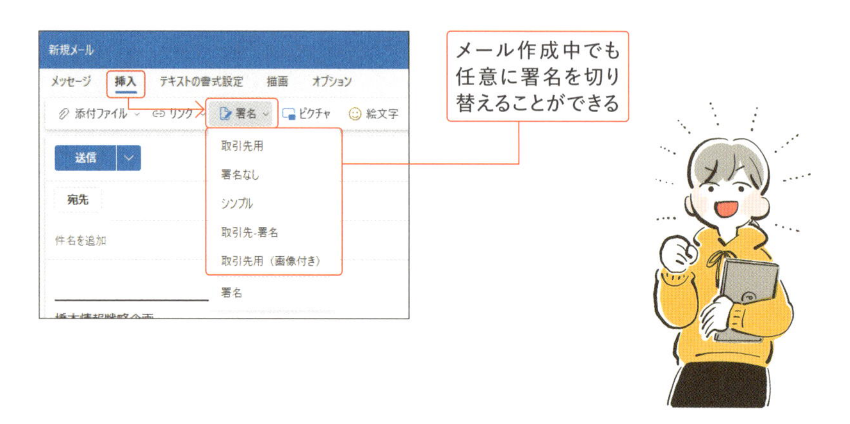

メールはどこに保存されている？

送受信メールは「メールサーバー」で管理されています。つまり、PCの中だけで管理しているわけではないため、例えば同じメールアドレスをスマートフォンで管理してメールの送受信を行うことなども可能です。

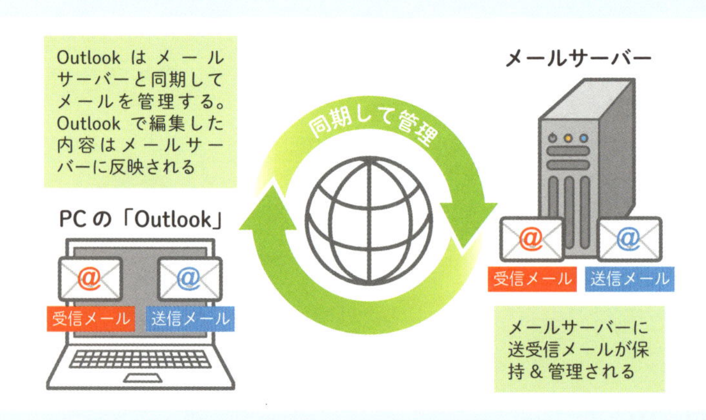

添付ファイルとメール送信

メールにファイルを添付する意味とファイル形式

メールの本文だけでは伝えきれない情報や、メール送信先以外でも共有する情報（資料・請求書・プレゼンテーションファイルなど）は、単一のファイルとしてメールに添付するのが基本です。

メールにファイルを添付する際には、相手がファイルを編集するか（編集を許可するか）を考えて、ファイル形式を決定します。例えば、相手に編集を許可する場合は、Word（*.docx）、Excel（*.xlsx）、PowerPoint（*.pptx）などデータファイルを添付します。また、逆に編集を許可せずに確定した情報を渡すのであれば、PDFファイルにするなどの工夫が必要です。

編集を許可する

Word（*.docx）
Excel（*.xlsx）
PowerPoint（*.pptx）
など

編集を許可しない

PDF
など

□ メールにファイルを添付する際の注意点

注意点	説明
添付ファイルの内容確認	ファイルの内容に誤りがないかを確認
添付ファイルのサイズ確認	一般的に10MB以下として、それ以上ならクラウドストレージの利用を検討
添付ファイルの形式確認	相手が開くことができるファイル形式を使用
添付ファイル名の確認	相手にとってわかりやすいファイル名を命名

メールにファイルを添付する

メールにファイルを添付する方法には、リボンコマンドでファイルを指定して添付する方法と、添付したいファイルをドラッグ&ドロップする2つの方法があります。なお、後者はドロップ時の選択によって一般的な添付ファイルの扱いにならないことに注意が必要です。

□ リボン操作によるファイル添付

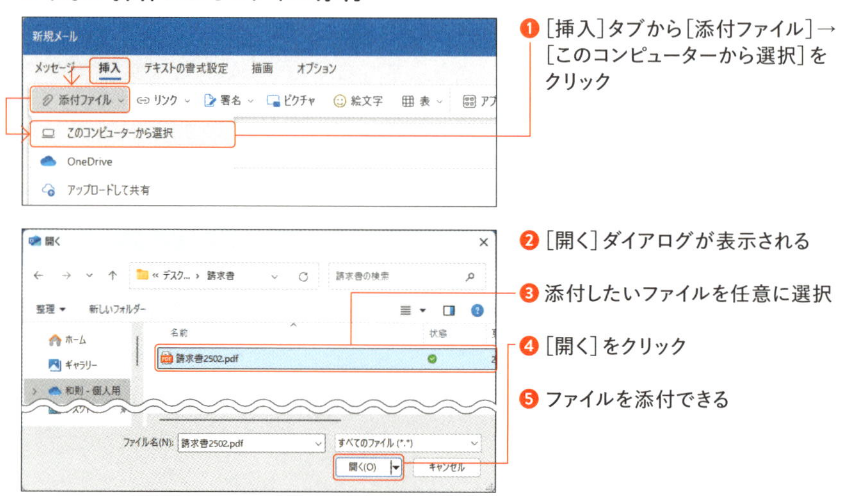

□ ドラッグ&ドロップによるファイル添付

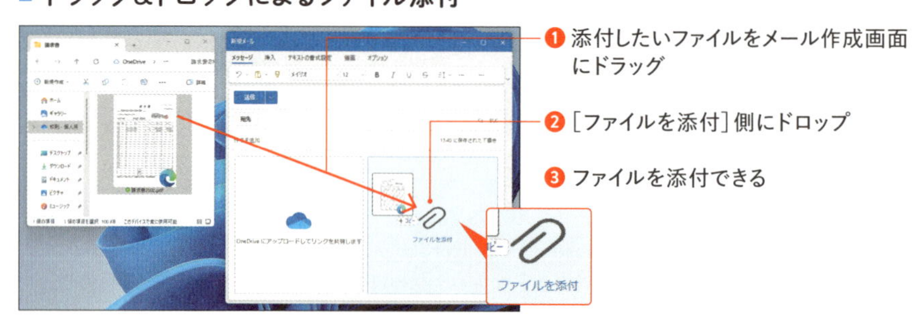

memo：Outlook (classic) の場合は、メッセージウィンドウからのリボン操作であれば［挿入］タブから［ファイルの添付］→［このPCを参照］をクリックします。またドラッグ&ドロップによるファイル添付であれば、メール本文の上にドロップします。

クラウドストレージでファイルを受け渡す

プレゼンテーションファイルや高解像度画像など、ファイル容量が10MBを超えるファイルを相手に受け渡す際は、「クラウドストレージ」（オンラインストレージ）を利用するとよいでしょう。

新しいOutlookであれば、メールにファイルをドロップする際に［OneDriveにアップロードしてリンクを共有します］側にドロップすれば、クラウドストレージにアップロードされます。受信した相手はリンクをクリックしてクラウドストレージからファイルをダウンロードして入手します。

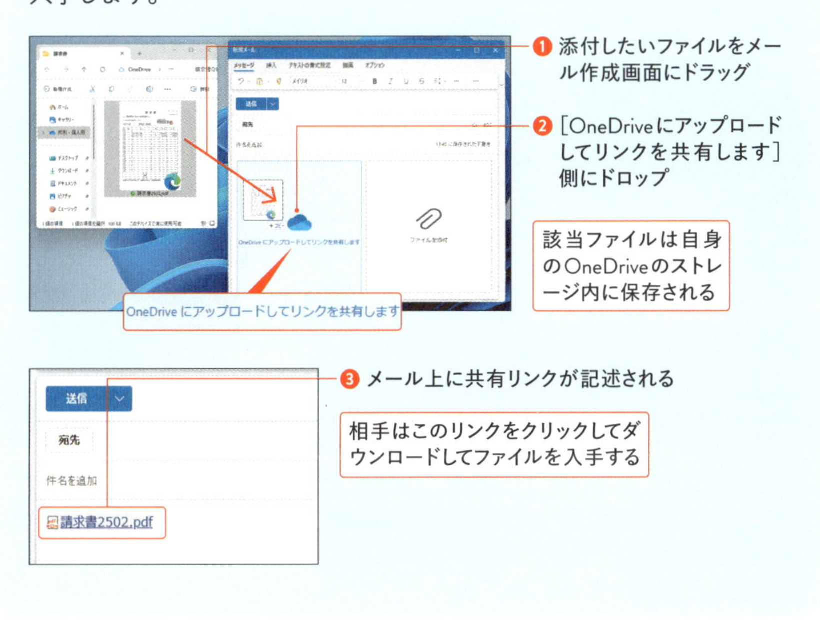

memo：OneDriveにアップロードした場合は、あくまでメール上ではダウンロードリンクの形になり、一般的なメールの添付のようにメールサーバーにファイルが保存されない点に注意します。

知っていると便利過ぎるメール機能

休日や緊急時に便利な自動応答によるメール対応

営業日以外の日や長期休暇などにおいて、「本日は休暇中なので、営業日になったらメールを返信します」などのメール返信を自動的に行いたい場合は、「自動応答」機能を利用します（Microsoft系のアカウントのみで設定可能）。

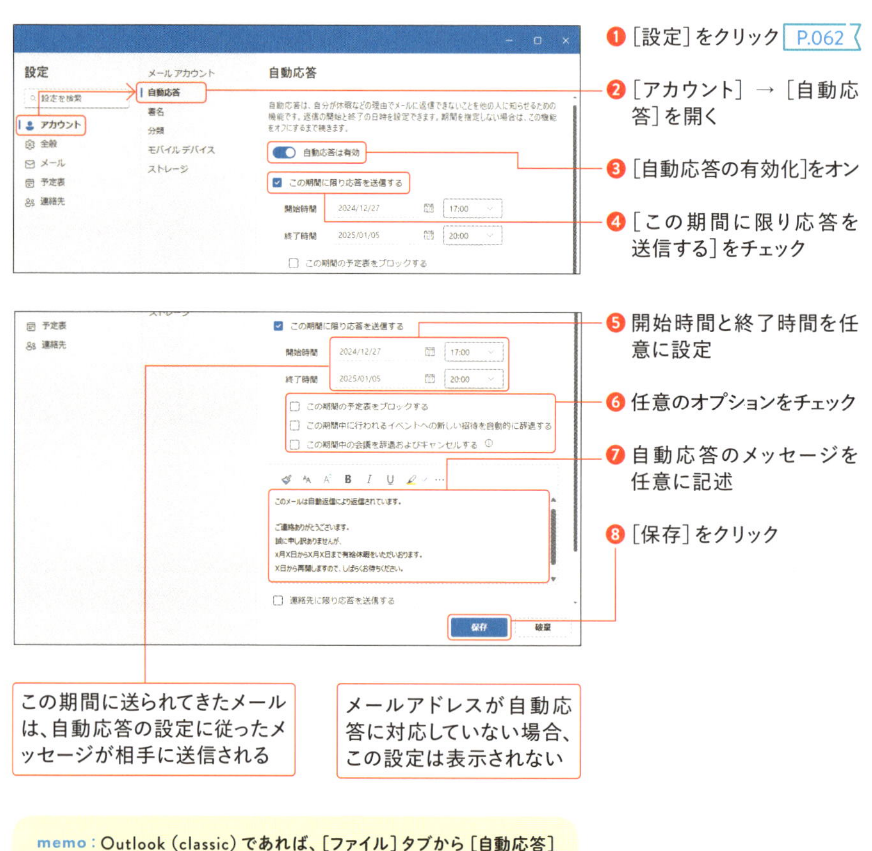

memo：Outlook（classic）であれば、［ファイル］タブから［自動応答］をクリックして、［自動応答］ダイアログで設定します。

送信メールのタイミングを指定できるスケジュール送信

ビジネスにおいては、時に送信メールのタイミングを計らなければならないことがあります。例えば、相手の休日やお昼の時間にメール対応させないためにその時間を避けるなどですが、Outlookであればあらかじめ作成しておいたメールをスケジュールに従って送信することが可能です。

memo：Outlook（classic）であれば、メール作成画面をメッセージウィンドウで表示した状態で、［オプション］タブから［…］→［配信タイミング］で設定します。

よく利用するメールアドレスの管理（連絡先）

よく利用するメールアドレスを「連絡先」として管理したい場合は、受信メールから連絡先情報を登録可能です。

□ メールから連絡先情報を登録

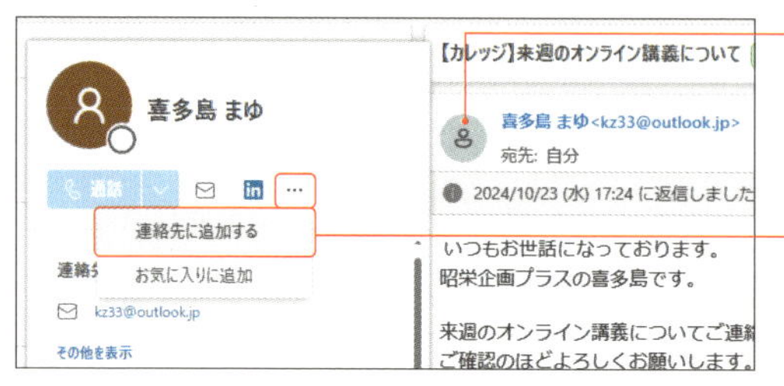

❶ メールアドレス横にあるアイコンをマウスホバー

❷ ポップアップが表示される

❸ ［…］→［連絡先に追加する］をクリック

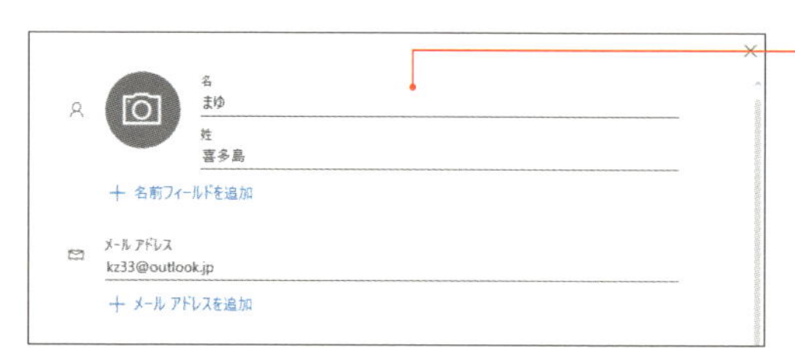

❹ 任意に連絡先情報を編集して、［保存］をクリック

❺ 以後、該当宛先を連絡先情報として活用できる

memo：登録した連絡先は、メール作成画面の［宛先］をクリックして指定することができます。

□ 連絡先情報の確認

❶ ナビゲーションバーの［連絡先］をクリック

❷ 登録した連絡先を確認できる

連絡先情報を任意に編集することも可能

memo：Outlook（classic）の場合は、メールアドレス横にあるアイコンをマウスホバーして、［…］→［Outlookの連絡先に追加］をクリックして登録します。

メールを受け渡すための印刷とPDFファイル作成

メールの印刷

会議の際のアーカイブ資料として、あるいはメール内容を他者と共有したい場合にメールを印刷するのは一つの手段です。

なお、メールの印刷や転送は、個人情報保護や情報漏えいに注意して扱うようにします。

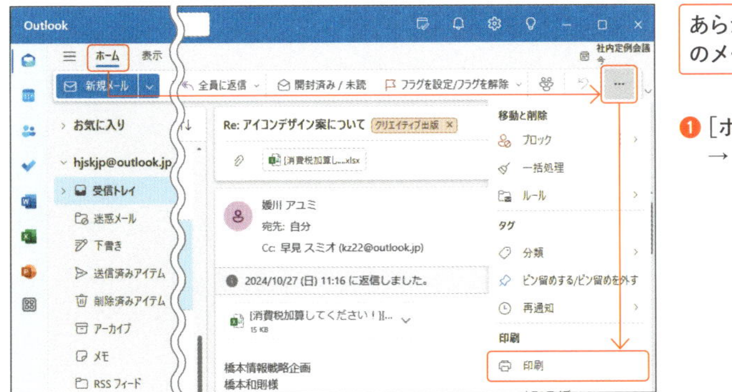

あらかじめ印刷対象のメールを表示する

❶［ホーム］タブから［…］→［印刷］をクリック

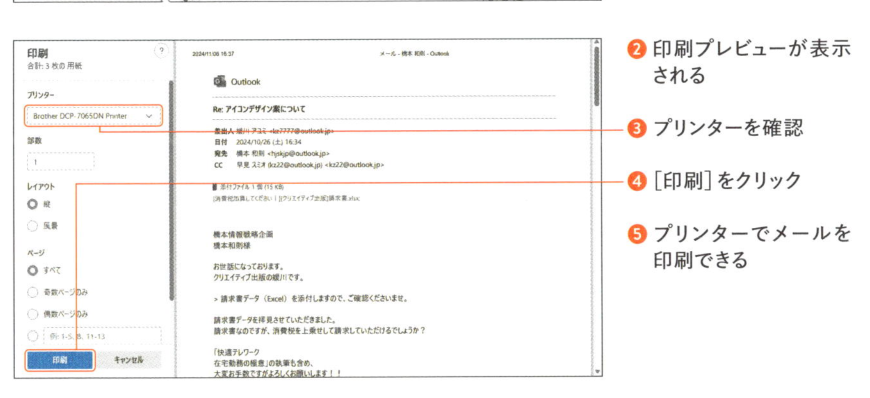

❷ 印刷プレビューが表示される

❸ プリンターを確認

❹［印刷］をクリック

❺ プリンターでメールを印刷できる

memo：Outlook (classic) の場合は、［ファイル］タブから［印刷］をクリックします。

1枚で複数ページを収める印刷

メール印刷において、なるべく用紙を無駄にしたくない場合は、［その他の設定］をクリックして、［シートごとのページ数］から［2］［4］などを選択します。指定のページ数を1枚の用紙に収めることができます。

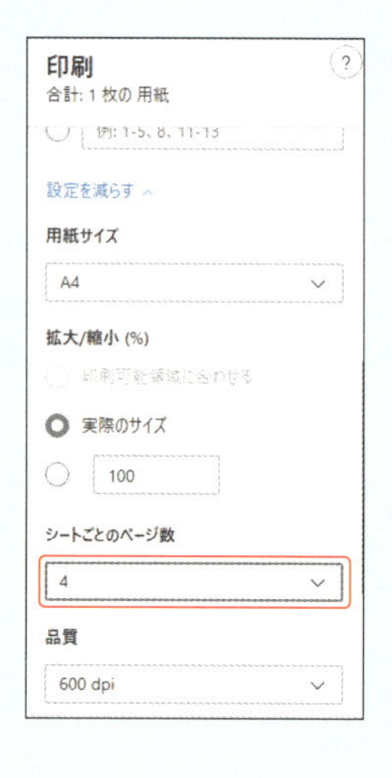

メールをいつでも閲覧できるPDFファイルにする

メールをPDFファイルにすれば、メール送受信環境がない場所でもメール内容を確認できるほか、他者ともメール本文を共有しやすくなります。

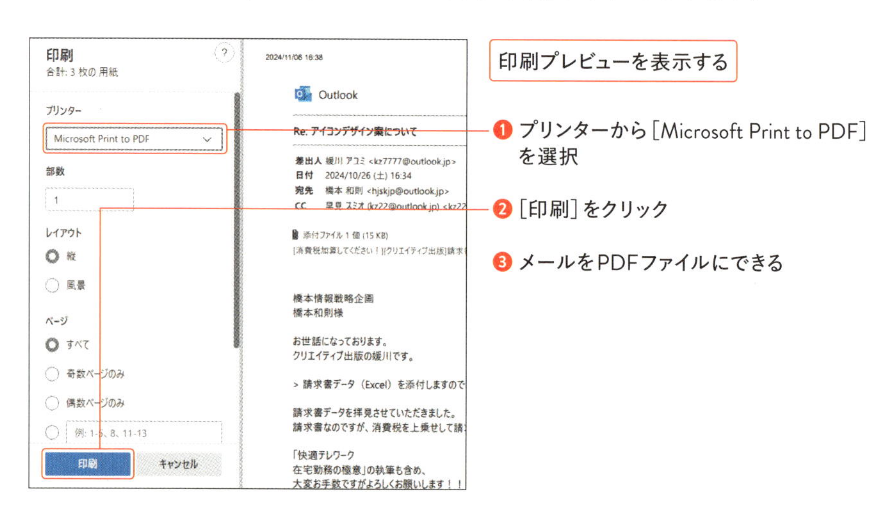

Essential PC Skills for Confident Work

4章
Excelで仕事をそつなくこなす

Excelのここがポイント

Excelの基本操作と日常的に使う機能を理解すれば、様々な場面で有効に活用できます。大切なのは、すべての機能をまんべんなく覚えるよりも自分の仕事に適した機能を見つけ、その活用方法を知ることです。

□ セルの基本操作 | 重要度：★★★ |

Excelの基本操作は「セル操作」であり、セルの移動やセルへの入力になります。Wordなどにおける文字カーソルの移動とは違い、意外と癖がある操作なので、まずここをマスターするとよいでしょう。

□ セルの書式設定の活用 | 重要度：★★★ |

Excelのセルに数値や文字列を入力する際には、「単位」「敬称」「桁区切りのカンマ」「マイナス時の赤字」などを手動で入力したり設定したりする必要はありません。**これらはすべて「セルの書式設定」で簡単に解決できます**。また、表を見やすくするための背景色や罫線の設定も「セルの書式設定」で行うことができます。

つまり、「セルの書式設定」をマスターすることで、効率よく作業を進めることができるのです。

□ 関数で悩まないためのテクニックを知っておく | 重要度：★★ |

多くの人がExcelで最初につまずくのが数式における「関数」(SUM、AVERAGE、IF等々）の利用ですが、**実は関数を覚えなくても関数や引数を入力するワザが複数存在します**。これを知っておけば、各場面で悩まずに数式を入力できます。

□ 「テーブル」で自動化 | 重要度：★★ |

耳慣れないかもしれませんが「テーブル」という機能を知ってしまえば、**Excelの悩み事や面倒くさい作業の多くを解決できます**。例えば、見出し行の色や1行ごとの背景色などの複雑な表のデザインを一括適用できるほか、数式入力時に他のセルへの自動適用、行・列追加時にデザインやフォーマットを拡張適用など、かなりExcelを便利に使いやすくできます。

□ オートフィルによるデータ入力や数式のコピー ｜ 重要度：★★ ｜

オートフィルは、連続データや数式を自動的にコピーするのに便利な機能です。

フィルハンドルをドラッグする方法が一般的ですが、「右ドラッグ」によるオートフィルを覚えてしまえば、土曜・日曜を除いた日付の連続入力や書式のみのコピーなどの応用も可能なので、これらの方法を覚えるとよいでしょう。

□ 分析方法の把握 ｜ 重要度：★★ ｜

Excelではさまざまな分析を行うことができ、すぐに傾向を知ることができる「クイック分析」や、特定の条件を満たすデータだけを抽出できる「フィルター」、また表のデータを利用して棒グラフ・折れ線グラフ・円グラフなどを作成することができます。**分析方法をマスターすればデータの整理、可視化、ビジネス洞察、またプレゼンテーションの質を向上できます。**

□ 印刷機能と設定 ｜ 重要度：★★★ ｜

表という範囲や大きさが未確定な対象を印刷しなければならないExcelでは、用紙の向きや拡大縮小、また2ページ目以降にも見出し行を付けるなど設定の工夫が必要です。

ワークシート上では存在しない（見ることがない）ヘッダー／フッターも印刷では設定する必要があります。

印刷設定をマスターすることで、自分にも相手にもわかりやすく見やすい表を印刷できます。

01 Excelで何ができる？世の中でどう使われている？

Excelは「要所だけ」を押さえればOK

Excelは財務報告、売り上げ分析、在庫管理、顧客データベース、研究データの分析、シミュレーション、プロジェクト管理などのほか、個人では家計簿、住所録、趣味のデータ整理などに活用されています。**このように、Excelは多用途に使える便利なアプリですが、すべての機能を覚える必要はありません。**

例えば、500種類以上ある関数をすべて覚えるのは無理ですが、「関数を知らなくても数式を入力できるテクニック」を覚えてしまえば困ることはなくなります。また、先の「Excelのここがポイント」で語った項目をしっかり習得してしまえば、Excel操作に自信が持てます。

Excelの画面構成と部位名

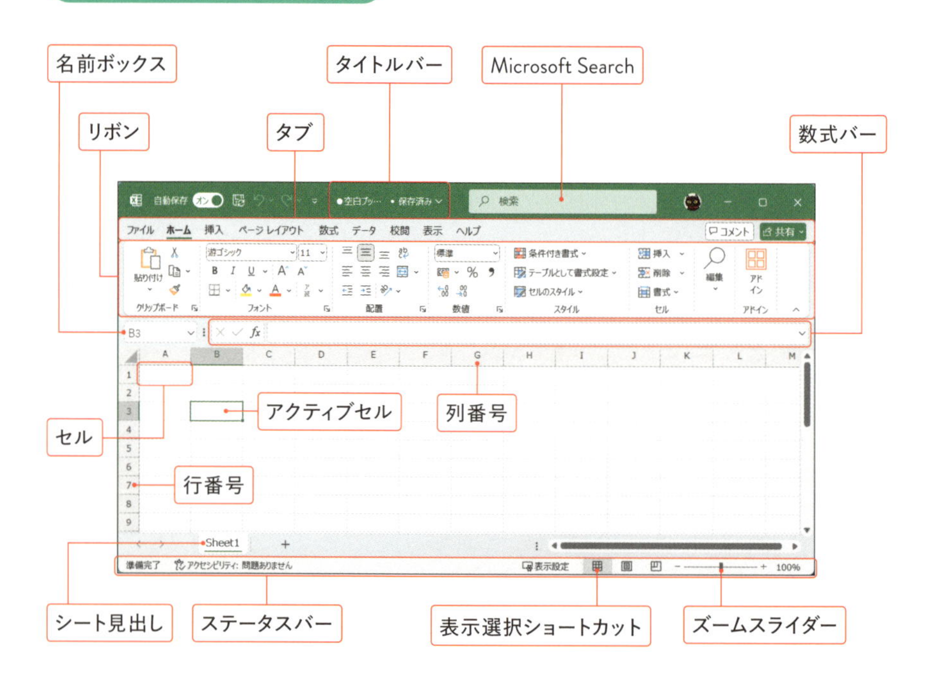

Excelで見栄えのいい表を作るコツ

きれいな表を作る理由

Excelでの作業では、まず「きれいな表」を作ることが大切です。

整然とした表は、データ入力や修正時のミスを防ぐだけでなく、視認性が高いため操作を迅速に行えます。また、データのパターンや傾向を把握しやすくなるので、分析や応用がしやすくなるのも特徴です。

さらに、「きれいな表」であれば、他者にデータを渡す際に相手に良い印象を与え、より信頼してもらえるきっかけになります。

作業しやすい&プロの印象を与える表の作り方

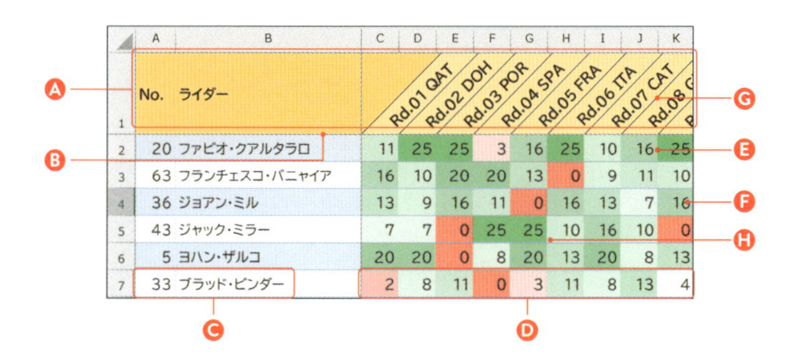

部位	見やすくするポイント
A 見出し行	見出しのフォント&背景色はデータと差別化する（Excelにデータセルとは別の存在であることを認識させる）
B ウィンドウ枠の固定	表は見出し行をスクロールアウトさせない
C 文字よせ	文字は左揃え、数字は右揃えが基本
D 列の幅	同要素の幅は揃える（列の幅の一括指定）
E 罫線	罫線はできる限り引かない
F 行間	適切な余白を設けて縦位置上下中央揃えとする
G 背景色	文字色をつぶさない薄い色を採用する
H 数値に対する色	各数値に対する色は「クイック分析」（P.121参照）で自動で色付け

使いやすく見やすい表を作るためのコツ

使いやすく見やすい表を作るためのコツには、以下のようなものがあります。すべての項目が必要というわけではなく、場面に応じて必要なものをチョイスするとよいでしょう。

□ フォントや色の種類は限定する

Excelでいろいろなフォントや色を使うと、表全体の視認性が低下し、情報がわかりにくくなります。一貫性のないデザインはプロフェッショナルさに欠け、全体的な印象も悪くなるため、**フォントのサイズや色は統一感を大切にして、基本は「見出し行」と「強調したいセル」のみ装飾します**。

□ 罫線の引き方

罫線を引けば引くほどExcel上の表は見にくくなります。

最終的に罫線が必要になるデータ（例えば請求書など）を除き、**必要最低限の罫線のみにすることを心がけます**。

□ ウィンドウ枠の固定

「ウィンドウ枠の固定」を設定することで、長いデータシートをスクロールしても見出し行や特定の列が常に表示されるため、視認性が向上し、データの把握が容易になります。見出し行を確認するためのスクロールバックの手間が省けるので、作業効率もアップします。また、データ入力や修正時の見落としやミスが減少し、分析がしやすくなります。

□ 行間の設定

セルの書式を縦位置上下中央揃えにすることで、表全体の見た目が統一され、データ表示に一貫性が生まれます。

データがセルの上下中央に配置されることで視認性が向上し、作業効率がアップします。さらに、資料や報告書の見栄えも良くなり、プロフェッショナルな印象を与えます。

□ 背景色を交互にする見栄え&使いやすさ

Excelで1行おきに背景色を適用すると、現在どの行のデータを入力・修正しているかが一目で分かり、作業効率が向上します。

また、背景色には薄い色を選ぶことで、セル内の文字の視認性も高まり、全体的に見やすい表を作成することができます。

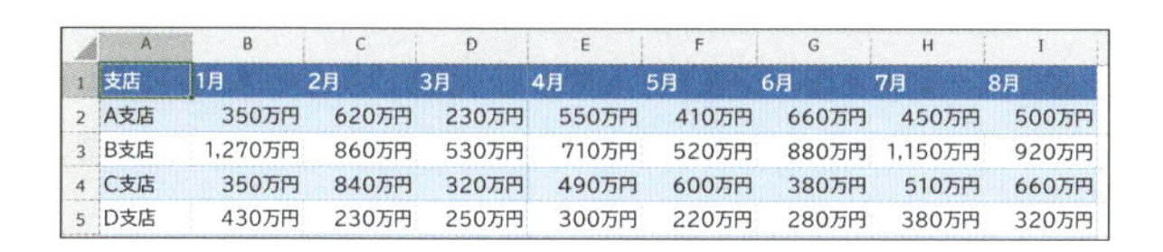

	A	B	C	D	E	F	G	H	I
1	支店	1月	2月	3月	4月	5月	6月	7月	8月
2	A支店	350万円	620万円	230万円	550万円	410万円	660万円	450万円	500万円
3	B支店	1,270万円	860万円	530万円	710万円	520万円	880万円	1,150万円	920万円
4	C支店	350万円	840万円	320万円	490万円	600万円	380万円	510万円	660万円
5	D支店	430万円	230万円	250万円	300万円	220万円	280万円	380万円	320万円

知っておきたい「テーブル化」の超メリット

使いやすく見やすい表を作ることはExcelにおいて重要な作業ですが、実際に「見出し行を強調する」「1行おきに背景色を適用する」などの設定を自分で考えて適用するのは面倒です。

この面倒な作業を一発で解決できるのが「テーブル化」です。テーブル化を適用すると一発で表に「見出し行強調&1行おきに背景色」という見やすいデザインを即適用できます。デザインを一覧から一括変更することも可能で、このほか追加行や追加列で必要となる書式や数式のコピーなども自動化できます。

テーブル化前

	A	B	C	D	E
1	日付	店名	商品	単価	数量
2	2025/1/2	大阪	Surface Pro	138000	2
3	2025/1/17	東京	Surface Laptop	124000	1
4	2025/2/12	福岡	Surface Book	210000	3

テーブル化後

	A	B	C	D	E
1	日付	店名	商品	単価	数量
2	2025/1/2	大阪	Surface Pro	138000	2
3	2025/1/17	東京	Surface Laptop	124000	1
4	2025/2/12	福岡	Surface Book	210000	3

テーブル化すれば、見た目を整えることができるほか、数々の作業が自動化できる P.113

セル操作をスマート&スムーズにする操作

ストレスのないセル移動と編集

既に入力済みのセルを編集したい場合、マウスであればターゲットとなるセルをクリックして選択した後、さらにダブルクリックしないとセル内の修正ができません。Excelではセルの境界線をダブルクリックしてしまうと、思わぬ位置にジャンプするなどイライラが募ります。

このような遠回りな作業を避け、確実にセルを編集できるのがキーボード操作です。**「セル移動はカーソルキー」「セルの編集は F2 」と定めてExcelは操作しましょう**。

29,800,000	25,000,000	28,000,000
27,500,000	27,[illegible]00,000	27,500,000
23,00[illegible]	23,500,000	[illegible]2,000,000
18,000,000	19,[illegible]00,000	17,500,000
24,000,000	22,000,000	22,500,000

セルの移動は ←→↑↓ で行う

セルの編集は F2 で行う

セルの入力確定時の方向

セルへの入力が終了した後に Enter を押すと「下のセルに移動」します。ちなみに、右のセルに移動したい場合は Tab を押します。

なお、表の設計によっては入力確定後に「右のセルに移動」したい場合がありますが、「 Enter で右に移動」にカスタマイズすることも可能です。

350万円	620万円	230万円
1,270万円	860万円	530万円
350万円	840万円	[illegible]20万円
430万円	2[illegible]0万円	250万円
1,150万円	1,320万円	1,360万円

右へのセル移動は Tab

下へのセル移動は Enter

Enter を押した際の方向のカスタマイズ

例えばExcelで住所録を作成している場面では、名前・住所・電話番号を横方向に連続で入力しますが、Enter を押した際に「下」ではなく「右」のセルに移動すると便利です。

Excelのセルにおいて「Enter で右に移動」にカスタマイズしたい場合は、[ファイル] タブから [オプション] をクリックして、[Excelのオプション] ダイアログの [詳細設定] から [Enter キーを押したら、セルを移動する] をチェックしたうえで、[方向] から [右] を選択します。

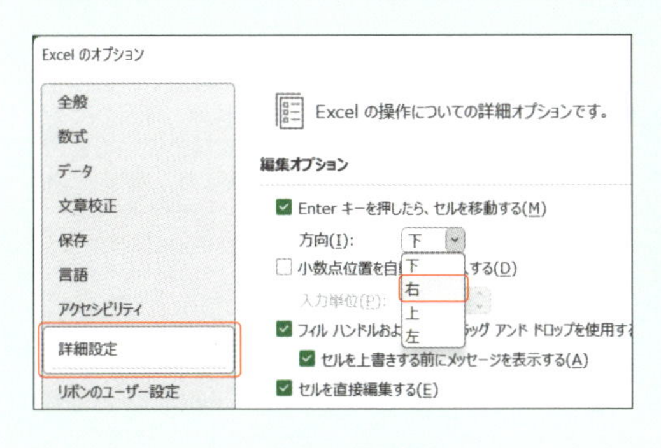

セル内で改行して見やすくする

セルには最大32,767文字まで入力可能であるため、長めの文章もセルで管理することができます。また、セル内での改行は Alt + Enter で行えます。これにより、複数の項目を見やすく配置したり、長文をセル内で管理したりする際に便利です。

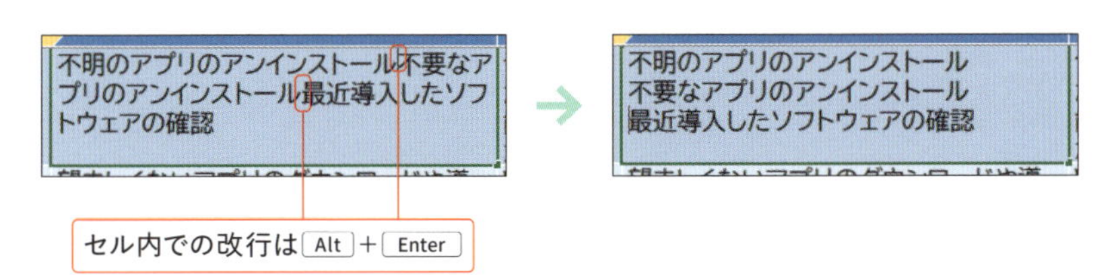

セルに固執しないで数式バーで入力する

　セルの編集においては「セルの中」で行わずに「数式バー」で行う方法があります。
「数式バー」でデータを入力するメリットは、セル編集においてセルサイズや周囲のセルの影響を受けずに長い数式や複数行の入力がしやすいことです。また、書式なしでコピー＆ペーストができること、Excel上のズーム倍率（表示の拡大）の影響を受けないこともポイントです。

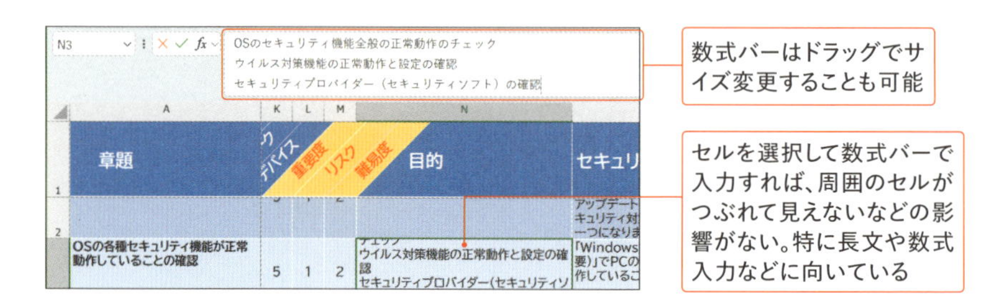

ウィンドウ枠の固定

　大きな表のデータ編集の際、「見出し行や見出し列」がスクロールして表示外に行ってしまうと困ることになりますが、このような際に活用できるのが「ウィンドウ枠の固定」です。
　この機能がうまく使いこなせないという方もいますが、難しく考えずにスクロールさせたくない行や列の一つ内側で設定すると、思い通りにウィンドウ枠の固定を行うことができます。

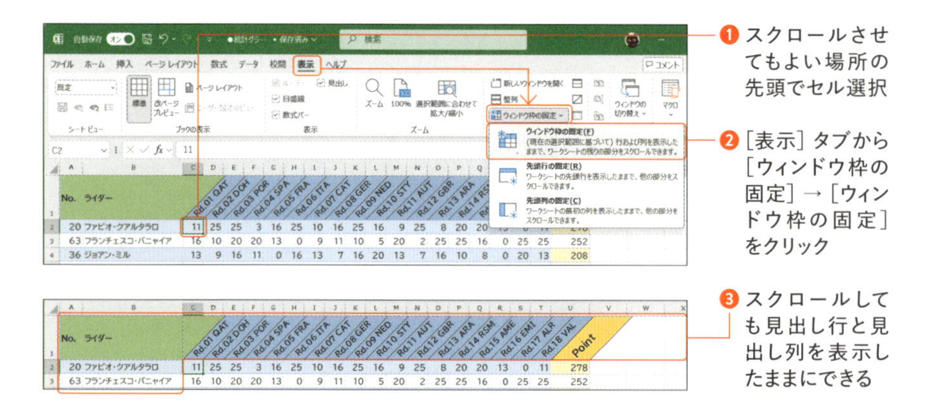

大きな表で活用したい端への一発移動

Excelではショートカットキーを利用することにより、目的のセルに素早く移動することができます。特に表のサイズが大きい場合ほど、端のセルへ一発で移動できるショートカットキーは有効です。

「C3」を起点として

	A	B	C	D	E
1	❺ A1	B1	C1 ❹	D1	E1
2	A2	B2	C2	D2	E2
3	❷ A3	B3	C3	D3	E3 ❶
4	A4	B4	C4	D4	E4
5	A5	B5	C5 ❸	D5	E5 ❻

ショトカットキー	説明
❶ Ctrl ＋ →	右端に移動
❷ Ctrl ＋ ←	左端に移動
❸ Ctrl ＋ ↓	下端に移動

ショトカットキー	説明
❹ Ctrl ＋ ↑	上端に移動
❺ Ctrl ＋ Home	セル「A1」に移動
❻ Ctrl ＋ End	右下端(末端)に移動

04 セルの書式設定だけで目的を済ますテクニック

セルの書式設定であらゆるデータ表示を解決

「～円」や「￥～」などの単位、「～様」などの敬称は手入力しないでも「セルの書式設定」で解決できます。また、数字を3桁ごとにカンマで区切る（桁区切り）、日付における「～月～日」なども、すべてセルの書式設定で可能です。

手入力せずに書式設定で解決することがExcelを使いこなすポイントになります。

memo：「セルの書式設定で解決できること」を、セルごとに自ら入力したり設定したりしてはいけません。加工されたデータは計算や集計できないなどのデメリットも存在するためです。

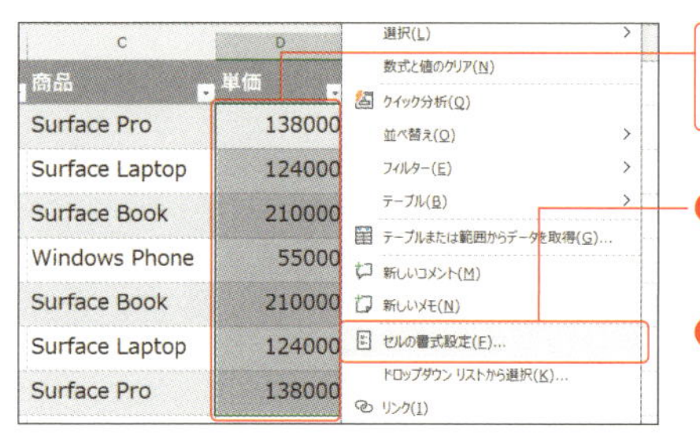

あらかじめ書式設定を適用したいセルを選択する

❶ 右クリックして、ショートカットメニューから［セルの書式設定］を選択

❷ ［セルの書式設定］ダイアログが表示される

column よく使う［セルの書式設定］のショートカットキー

［セルの書式設定］ダイアログは表の作成において表示形式・配置・フォント・罫線・塗りつぶしなどを設定できるため、かなり頻繁にアクセスすることになります。頻度が高い操作であるため、右クリックからのアクセスよりも、ショートカットキーCtrl＋1を覚えてしまうと手間がかからず効率的です。

また、セルの範囲選択はドラッグで行えますが、範囲選択ののち、Ctrlを押しながらドラッグするとさらに追加で範囲選択できるため、この操作も覚えてしまうと便利です。

通貨の表示形式

［セルの書式設定］ダイアログの［表示形式］タブの分類から［通貨］を選択することで、桁区切りのほか行頭記号や小数点の表示桁数、マイナス時の表示形式（赤色・カッコでくくる）などを設定できます。

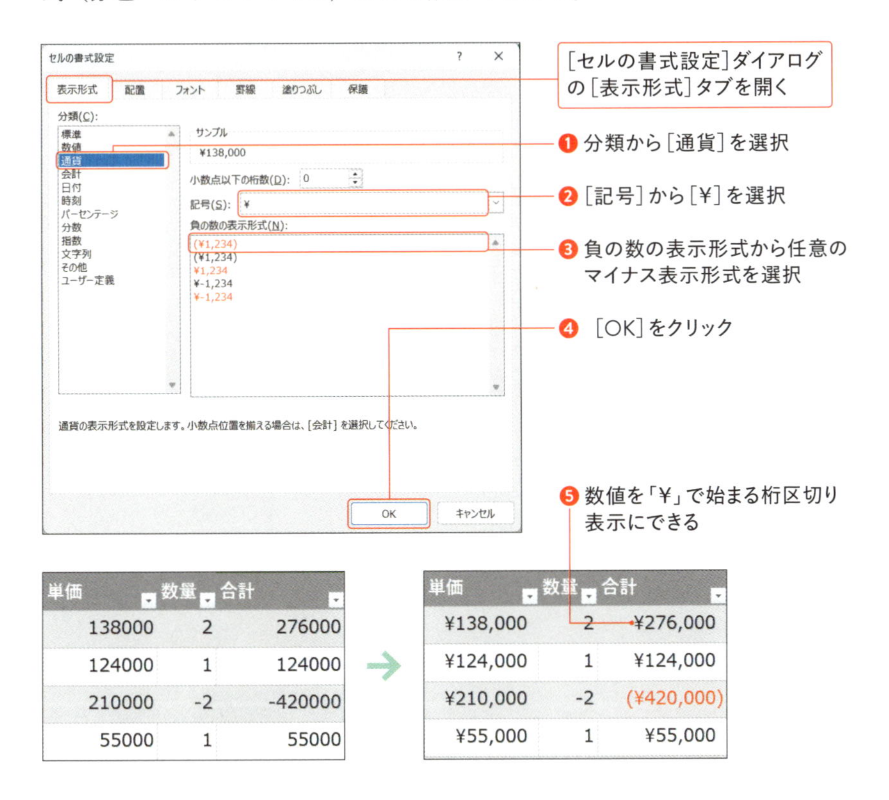

単価	数量	合計
138000	2	276000
124000	1	124000
210000	-2	-420000
55000	1	55000

→

単価	数量	合計
¥138,000	2	¥276,000
¥124,000	1	¥124,000
¥210,000	-2	(¥420,000)
¥55,000	1	¥55,000

敬称の「様」を末尾に付ける

名前の敬称として、文字列の最後に「様」など、追加の文字列を記述したい場合は、［表示形式］タブの分類から［ユーザー定義］を選択して、［種類］で「@" 様"」と入力します。「@」がセル内の文字列、ダブルクオーテーション（入力は日本語入力オフで Shift ＋ 2）で囲まれた「様」がセル内の文字列の後に表示されます。

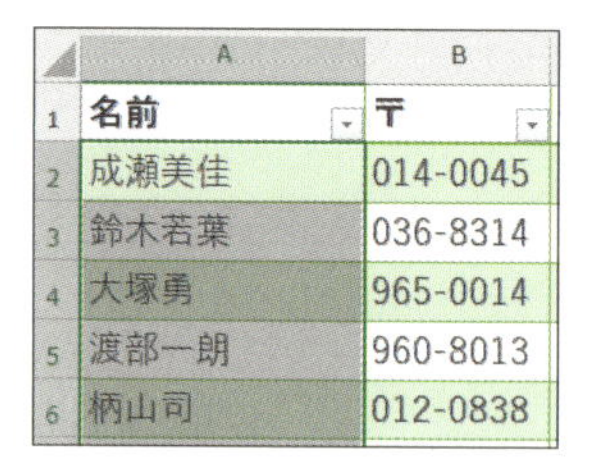

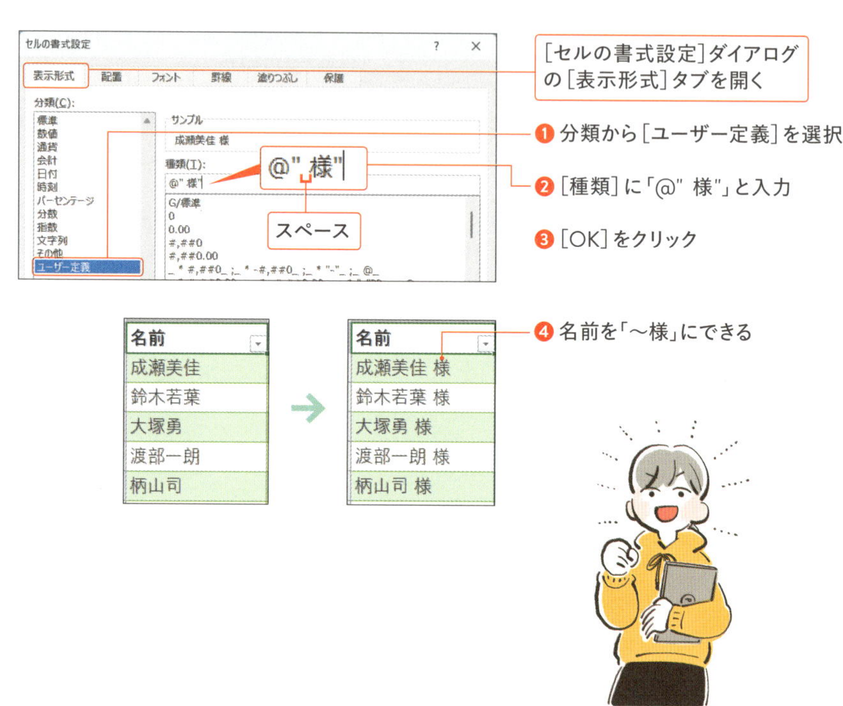

桁区切りと「～円」をユーザー定義で設定する

通貨において行頭文字ではなく末尾に「～円」などと表示したい場合は、[表示形式] タブの分類から [ユーザー定義] を選択して、[種類] で「#,###"円"」と入力します。「#」は任意の1桁の数字という意味になります（P.087参照）。

memo：表示形式の書式記号である「#」は、値が存在しない場合は何も表示しません。しかしゼロ円を「0円」と表示したい場合は、「#,##0"円"」と設定します。また、マイナスの表示方法を指定したい場合は、「;」（セミコロン）で区切って表示形式を入力します。

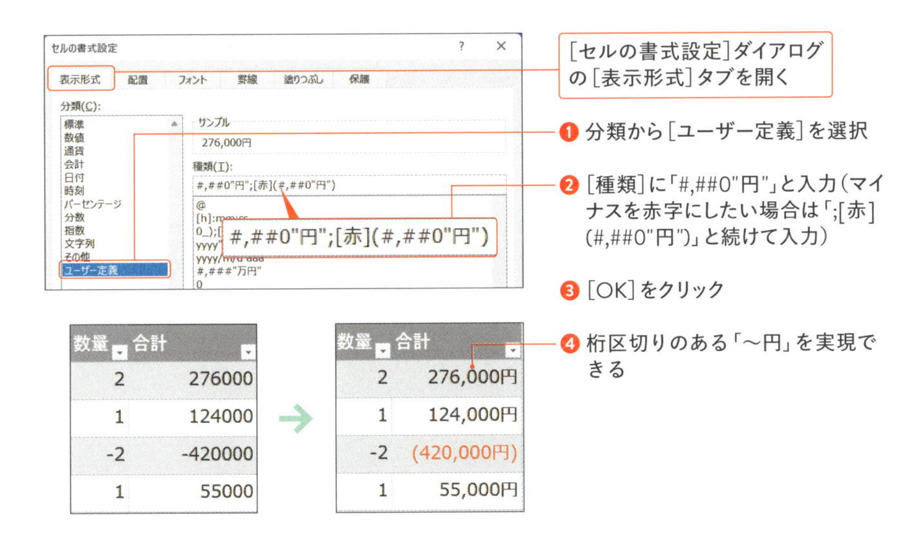

□ 表示形式の書式記号

書式記号	内容
#	1桁の数字を示す
0	1桁の数字を示し、指定したゼロの桁数だけ常にゼロを表示する
@	入力された文字列を表示する
"文字列"	指定の文字列を表示する
[色]	色を指定できる
;	書式を区切る場合に利用

桁揃えのための「ゼロ」を前に付ける

桁揃えのために「2、22、222」などではなく、「002、022、222」と表示したい場合は、[表示形式] タブの分類から [ユーザー定義] を選択して、[種類] で「000」と入力すれば、数値の前にゼロが補完されます。

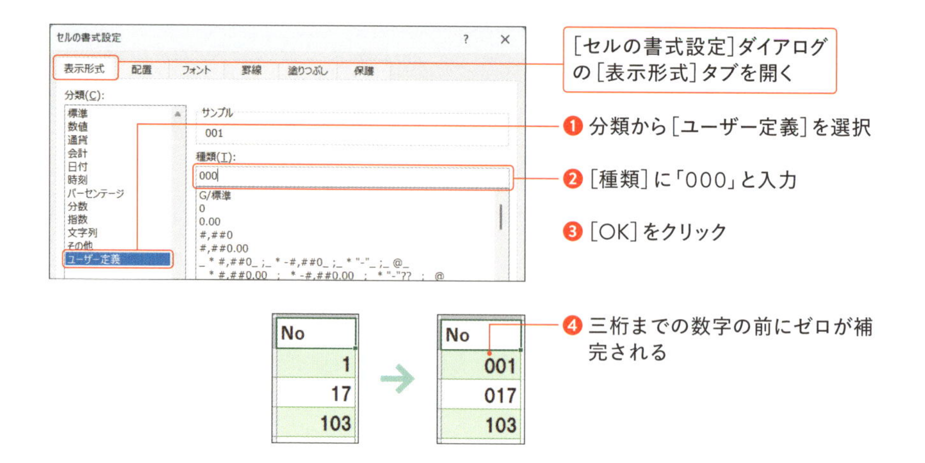

日付の表示形式

日付の表示形式は、[表示形式] タブの分類から [日付] を選択して任意に指定できます。単にスラッシュで区切る表示のほか、「〜年〜月〜日」と表示することや、カレンダーの種類から [和暦] を選択することで和暦（昭和・平成・令和）表示にすることも可能です。

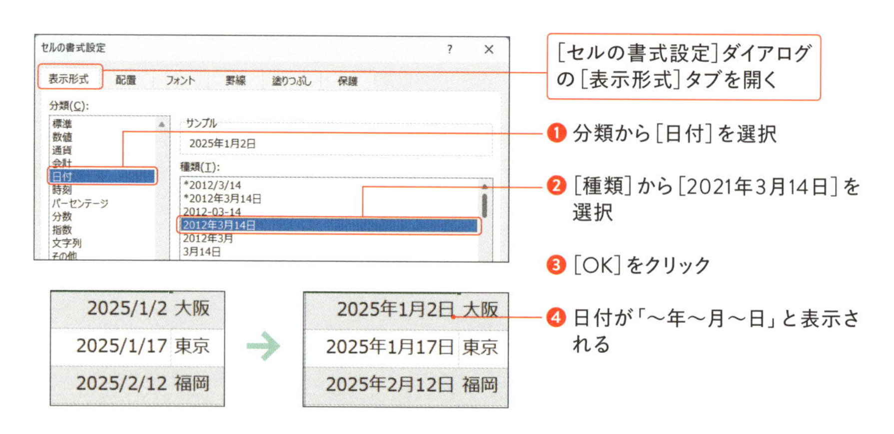

memo：セルに「現在年月日」を素早く入力したい場合は、ショートカットキー Ctrl ＋ ; です。また現在時刻をショートカットキー Ctrl ＋ : で素早く入力できます。

日付の表示を自在に設定する

月日においては一桁の場合（1月、2月）もあれば二桁の場合（11月、12月）もありますが、年・月・日が一桁の場合に「0」を補完して表示上の年月日の位置を揃えたい場合は、日付と曜日の書式記号を上手に使います。

書式記号において「年・月・日」はそれぞれ「y・m・d」で表されますが、[ユーザー定義] を選択して、[種類] で「yyyy"年"mm"月"dd"日"」などと指定すれば、月日において1～9の前に「0」が補完され、日付の表示桁数をきれいに揃えることができます。

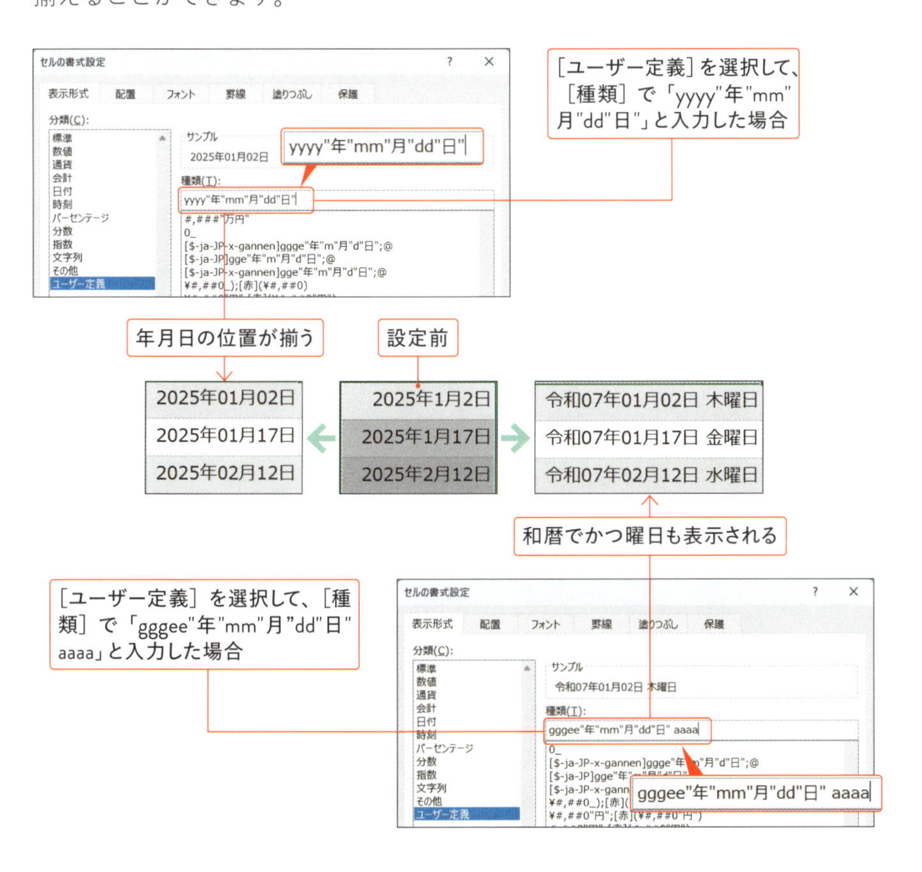

memo：[ユーザー定義] の [種類] で書式記号として「aaaa」と入力すれば、曜日を表示することができます。

□ 日付と曜日の書式記号のまとめ（例：2025年3月2日）

書式記号	内容	表示例
yy	西暦下２桁	25
yyyy	西暦４桁	2025
gg	元号(頭文字)	令
ggg	元号	令和
e	和暦年	7
m	[月]表示	3
d	[日]表示	2
aaa	曜日（1文字）	日
aaaa	曜日	日曜日

メモや書置きはセル入力しない

Excelの表を見直す際や、人に渡すデータに伝達事項を記述する際、セルに直接メモを書き込むのではなく、「コメント」を使用するのが基本です。これによりセル内のデータの一貫性を保つことができるほか、対象セルが分かりやすくなるため、相手にも情報が正確に伝わります。

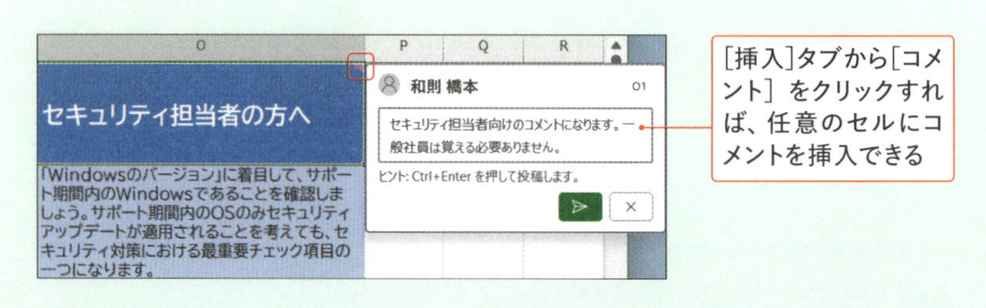

表を見やすく使いやすくする フォント・配置・塗りつぶし

セルに対するフォント・配置・塗りつぶしの設定

セルに対する「フォント（フォント名や色）」「配置（セル内での文字の配置）」「塗りつぶし（背景色）」は、表を見やすくするためにも、使いやすくするためにも非常に重要で、すべて［セルの書式設定］ダイアログで設定できます。

なお、各セルに対して場当たり的に設定するのではなく、**表全体で統一感のある設定を適用したうえで、必要に応じて特定の行や列に追加設定することがコツです**。

memo：［セルの書式設定］ダイアログは、ショートカットキー Ctrl ＋ 1 で表示できます。

表の数値や文字の配置を整える

セル内の文字の配置は桁数をわかりやすくするために「数値は右揃え」、文字が読みやすいように「文字は左揃え」が基本です。［セルの書式設定］ダイアログの［配置］タブの［横位置］で任意に設定できます（［標準］を選択しておけば「数値は右揃え」、「文字は左揃え」になる）。

また、［配置］タブの［縦位置］ではセル内の文字の配置位置を指定できますが、基本的な表では「中央揃え」が基本になります。

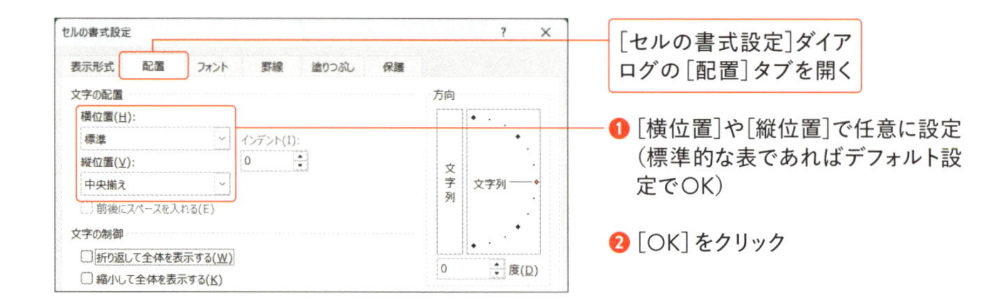

文字列の多い表の配置を整える

文字列の多くて複数行になるセルを整えたい場合は、縦位置を「上詰め」にして、また［折り返して全体を表示する］をチェックします。

これにより、セル内の文字が横にあふれることなく折り返され、また文字の位置が常にセル内の上端から始まるので見やすくなります。

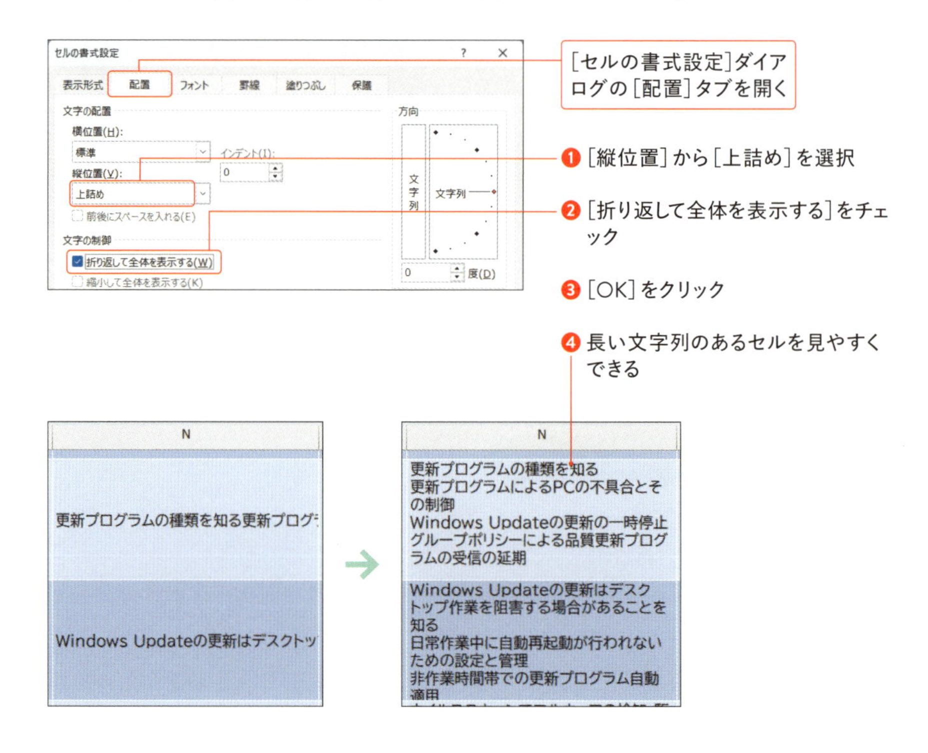

見出し行の文字数が多過ぎて表が不格好になるときの対処

見出し行が長い文字列であるにも関わらず、データセルには数文字しか入力しないなどの表全体としてアンバランスな場合は、見出し行［セルの書式設定］で「文字を斜め30〜60度に配置する」という方法があります。この方法であれば横幅をとらずに、長い文字列を配置することができます。

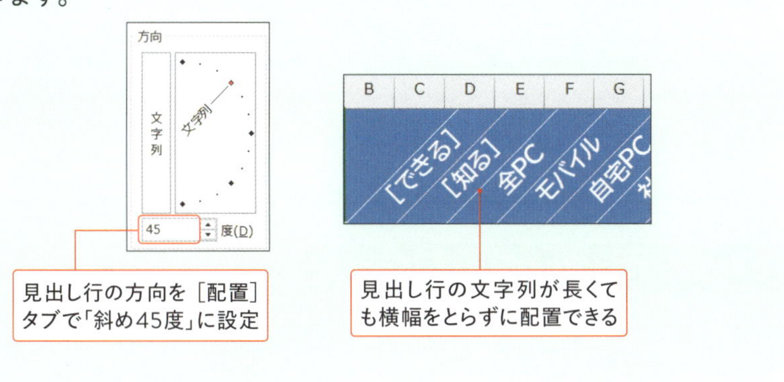

セルをまたいだ文字のセンタリング

Excelにおいての NG 操作の一つが「セルの結合」です。セルの結合をしてしまうとデータをコピーしたり並べ替えをしたりする場面で支障が出ます。

なお、「セルの結合」を用いずにセルをまたいで見出しなどを中央に配置したい場合は、「選択範囲内で中央」を活用します。

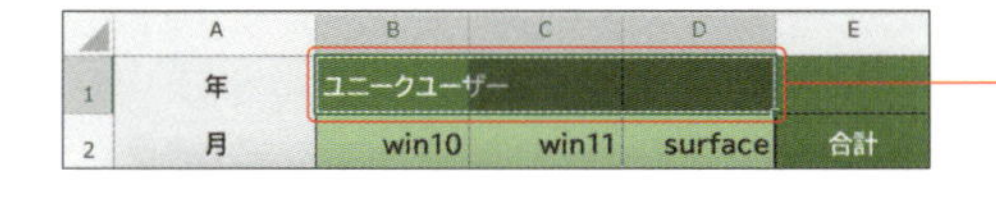

❶セルを跨ぐ範囲を選択

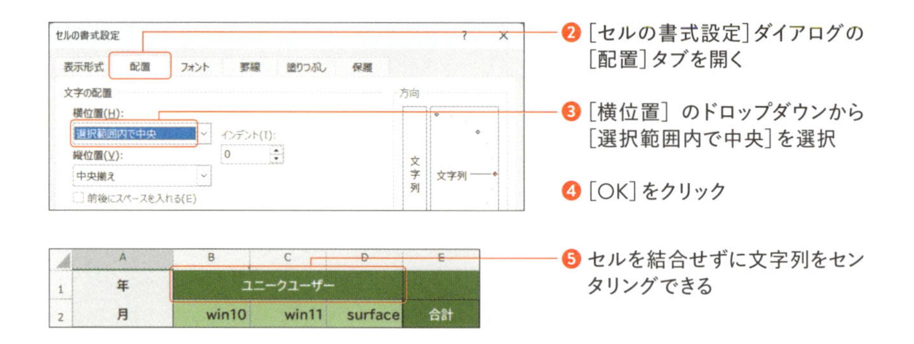

memo：「セルの結合」が随所で必要になる複雑なレイアウトの表作成は、Excel向きとは言えません。Wordのほうが表において正確な寸法を指定できるほか、文字を縦長にしてセル内に納めるなどの柔軟性があるため、表の種類によってはWordでの作成を検討します。

セルの背景色（塗りつぶし）を指定する

セルの塗りつぶしを使うと、データを視覚的に強調しやすくなります。ただし、色を多用すると表全体がごちゃごちゃして見えてしまうため、見出しやデータの強調、カテゴリ分けなど、目的のある場所にのみ背景色を使うのが基本です。

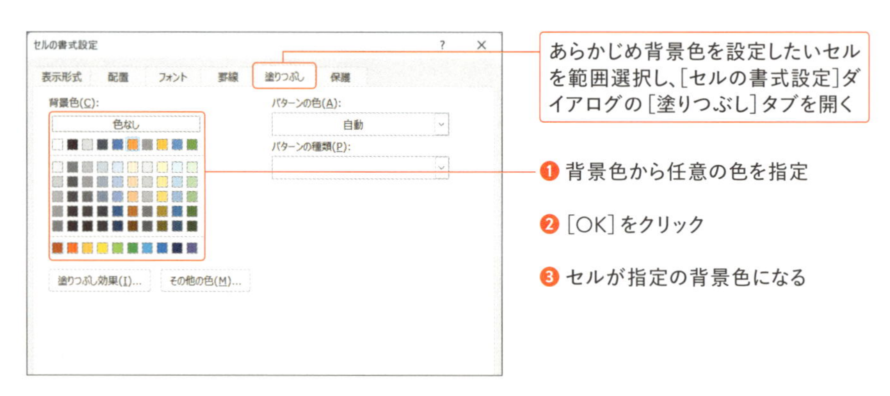

memo：表全体を見やすくするためには、「1行おきに背景色を適用する」（表全体で見て横の縞模様になる）が有効ですが、この1行おき背景色の適用は手動ではなく、「テーブル化」を活用します（P.113とP.115参照）。

セルのフォントの指定（フォントサイズ・フォントの色）

［セルの書式設定］ダイアログの［フォント］タブでは、セルに対する「フォント名」「フォントサイズ」「フォントの色」などを指定できます。

適切なフォントの選択はExcelをどのように活用するかによって異なり、**一般的に印刷して提出する報告書などはフォーマルな「明朝系」、データ入力やPC上での作業が主な場合は視認性が高い「ゴシック系」が好まれます**。

なお、どの用途であっても統一感が大切で、見出し行など差別化が必要な場所以外では、フォントの書体・サイズ・色を統一するようにします。

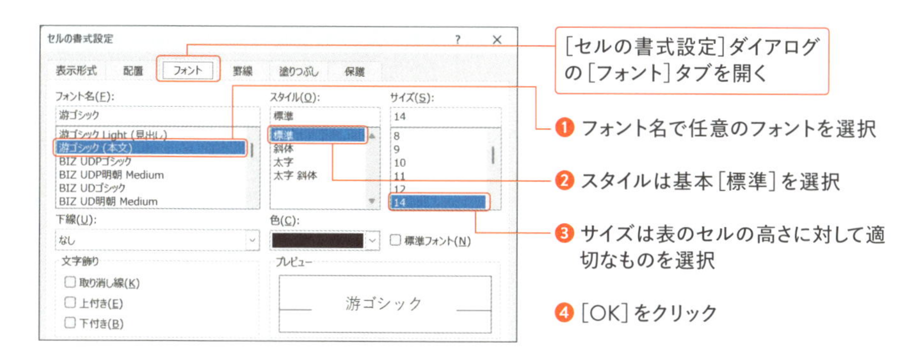

Excelの数値ではプロポーショナルフォント利用に注意

「プロポーショナルフォント」は文字ごとに異なる幅データを持つフォントで、フォント名に「P」や「S」が含まれます（「MSP明朝」や「HGP教科書体」など。このフォントは基本的にPなしフォントよりも詰まって文字が表示される）。なお、数値を扱うセルでは、数字ごとに文字幅が違うと数値の桁数が識別しにくくなるため、プロポーショナルフォントは利用しないようにするか、プロポーショナルフォントでも「数値は固定ピッチ（等幅）のもの」を利用するようにします。

支店名	2023年	2024年	2025年
東京支店	21,111,111	31,111,111	41,111,111
大阪支店	19,999,999	29,999,999	39,999,999

数字が等幅ではないフォントを数値に使ってしまうと、桁揃えの位置がそろわないのでNG

06 行と列の幅の最適化と罫線を引くコツ

行の高さと列の幅の決め方

表において行の高さは、文章における「行間」にあたります。つまり、狭過ぎると読みにくいため、**ある程度セルの高さに余裕を持つようにします**。

また、列の幅はデータ内容に従ったうえで少し余裕を持つようにすると、印刷時にはみ出ずに済みます。

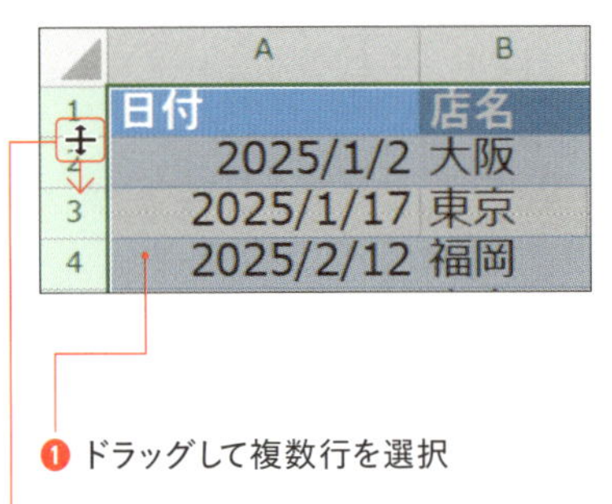

❶ ドラッグして複数行を選択

❷ 行番号間をドラッグして高さを整える

❸ 選択したすべての行に指定の高さを適用できる

memo：行間・列間をダブルクリックすれば、データの内容に従った高さ・列幅になります。

行の高さを数値指定する

行を選択した状態で、[ホーム] タブから [書式] → [行の高さ] をクリックすることで、行の高さを数値指定できます。

Excelの列と行が交差する◢をクリックすれば全選択できるので、あらかじめこの方法で表全体の行の高さを整えてしまうのも手です。

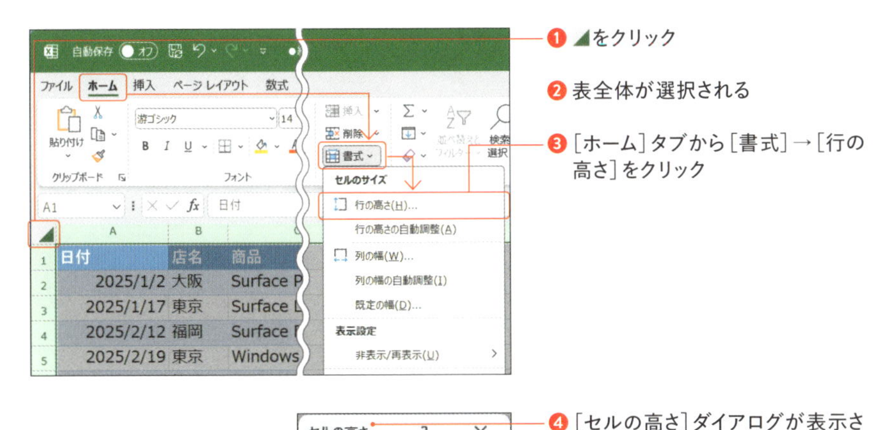

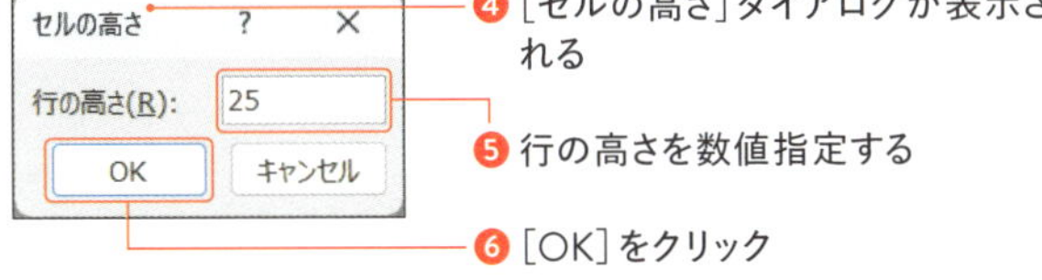

❼ 表全体の行の高さを指定できる

memo：行の高さが範囲内で統一されている場面において、[セルの高さ]ダイアログで表示される[行の高さ]は現在の行の高さです。これを基準に何倍（例えば1.25倍）という形で高さを指定するとわかりやすく高さを設定できます。

行と列の挿入

行と列を挿入する際、特定のセルで挿入操作をすると「右方向にシフト」などのわかりにくい選択肢が出てくるので、基本的にセルに対して挿入は行わないようにします。

行を挿入したければ、行番号を選択したうえで行挿入すると、わかりやすく行を挿入できます（列の挿入も同様）。

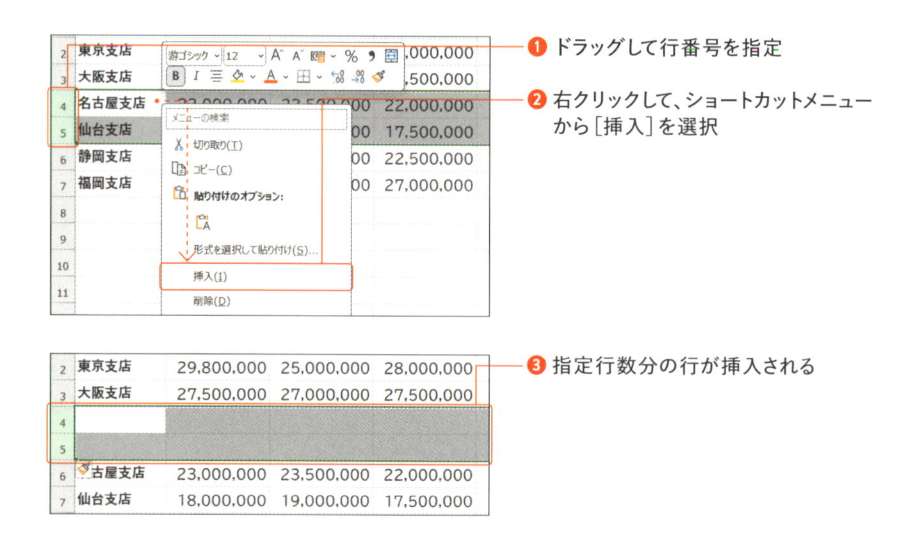

罫線の引き方

Excel上でのデータ入力・参照が目的の場合は、罫線をなるべく引かないようにします。罫線がないと成り立たない表など必然性があるものだけ引くようにします。

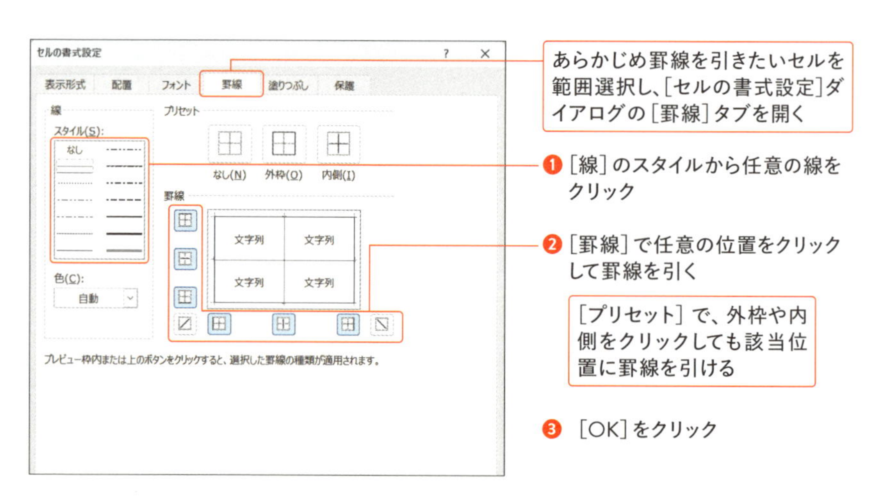

memo：罫線を引く場合でも、横線を実線で引いた場合に縦線は点線にするなど、表として見やすくなるように工夫します。

	A	B	C	D	E	F
1						
2		支店名	2023年	2024年	2025年	
3		東京支店	29,800,000	25,000,000	28,000,000	
4		大阪支店	27,500,000	27,000,000	27,500,000	
5		名古屋支店	23,000,000	23,500,000	22,000,000	
6		仙台支店	18,000,000	19,000,000	17,500,000	
7		静岡支店	24,000,000	22,000,000	22,500,000	
8		福岡支店	26,000,000	25,000,000	27,000,000	
9						

↓

	A	B	C	D	E	F
1						
2		支店名	2023年	2024年	2025年	
3		東京支店	29,800,000	25,000,000	28,000,000	
4		大阪支店	27,500,000	27,000,000	27,500,000	
5		名古屋支店	23,000,000	23,500,000	22,000,000	
6		仙台支店	18,000,000	19,000,000	17,500,000	
7		静岡支店	24,000,000	22,000,000	22,500,000	
8		福岡支店	26,000,000	25,000,000	27,000,000	
9						

❹ 指定に従った外枠・内側の罫線を引くことができる

memo：［ホーム］タブの［罫線］でも罫線を引くことができます。

Excelの表とWordの表の違いは？

表計算といえばExcelですが、表そのものはWordでも作成可能です。どちらを使うべきか迷ったとき、計算や入力が主な作業ならExcelが適しています。

一方、Wordの表はサイズや寸法に厳密さが求められる場面で力を発揮します。Wordでは、セル内のサイズや罫線をミリ単位で調整できるため、例えば履歴書のようなフォーマットをA4サイズの紙面に美しく表をレイアウトする場合に最適です。

罫線を確認する

罫線を確認したい場合は、印刷プレビューを表示するのが手早いです（P.123参照）。また、Excelのワークシート上で確認したい場合は、最初から存在する「目盛線」を消してしまえば、罫線を見やすくすることができます。

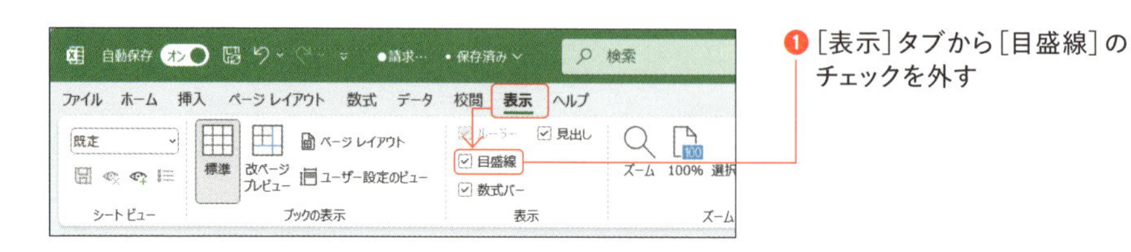

❶［表示］タブから［目盛線］のチェックを外す

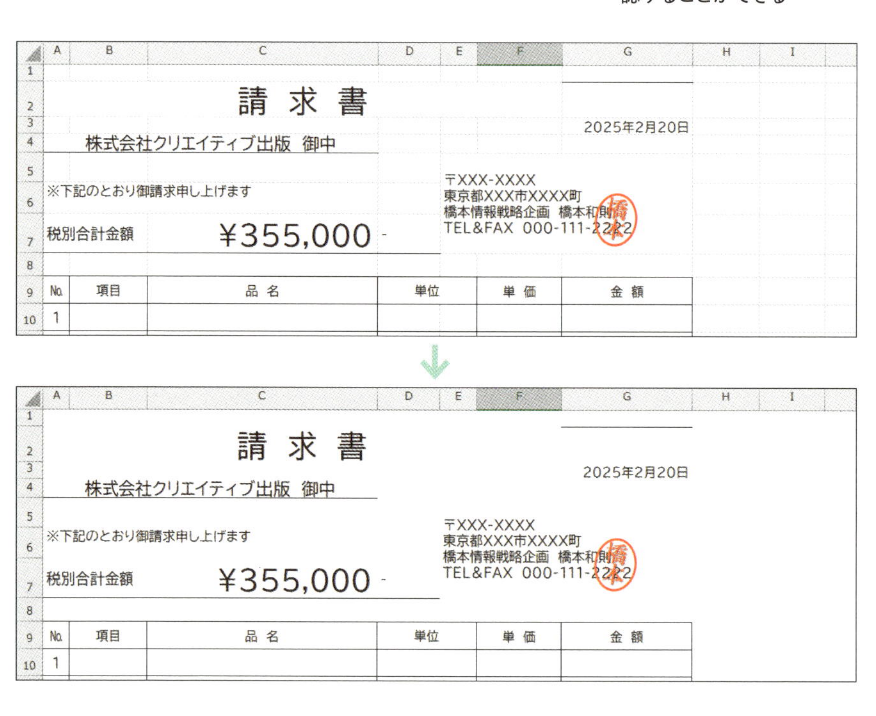

❷ワークシート上で罫線を確認することができる

07 Excelの関数と数式は覚えなくてOK

関数を覚えなければならないのは過去の話?

Excelにおいては合計や平均を求める際や、条件分岐やデータのカウント、四捨五入・切り捨て・切り上げなどを行う際には「関数」を覚えるのが基本でしたが、**いくつかのテクニックを知ってしまえば関数をそれほど奥深く知らなくても、目的の数式を簡単に入力できます**。

関数を必要最低限だけ覚えて、極力自分で考えないで数式を利用しましょう。

数式を入力しないで結果を求めてしまう

Excelの最下部、ステータスバーに着目しましょう。

実は、ここだけで「平均」「データの個数」「合計」「最小値・最大値」などは簡単に確認できます。操作は簡単で、平均や合計を求めたい範囲をExcel上で指定するだけです。

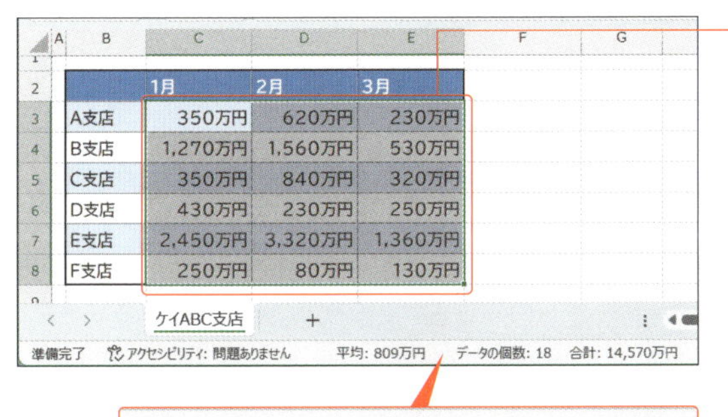

	1月	2月	3月
A支店	350万円	620万円	230万円
B支店	1,270万円	1,560万円	530万円
C支店	350万円	840万円	320万円
D支店	430万円	230万円	250万円
E支店	2,450万円	3,320万円	1,360万円
F支店	250万円	80万円	130万円

平均: 809万円　データの個数: 18　合計: 14,570万円

❶ 1月〜3月の売り上げを範囲選択

❷ 1月〜3月の「平均」「合計」などを確認できる

□ ステータスバー項目のカスタマイズ

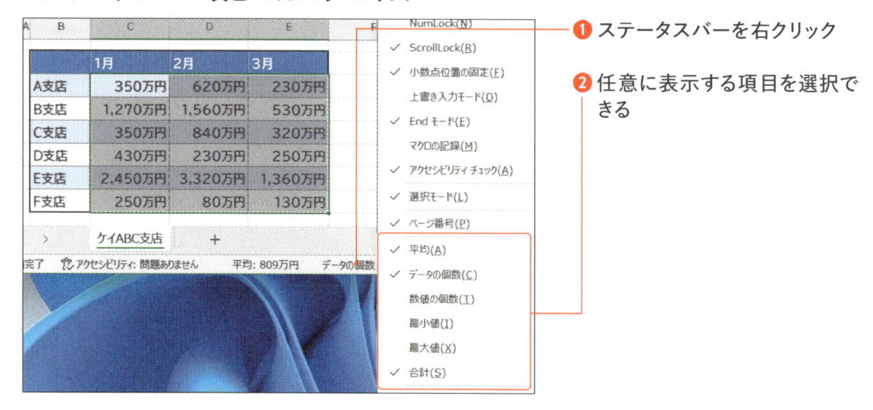

合計を一発で求める

合計を一発で求めたい場合は、合計を表示するセルを選択してショートカットキー Shift + Alt + = を入力します。表がきちんと整えられていればSUM関数とともに計算範囲が自動的に選択されます。**表示された数式を適用すれば、それだけで該当範囲の合計を一発で求めることができます**。

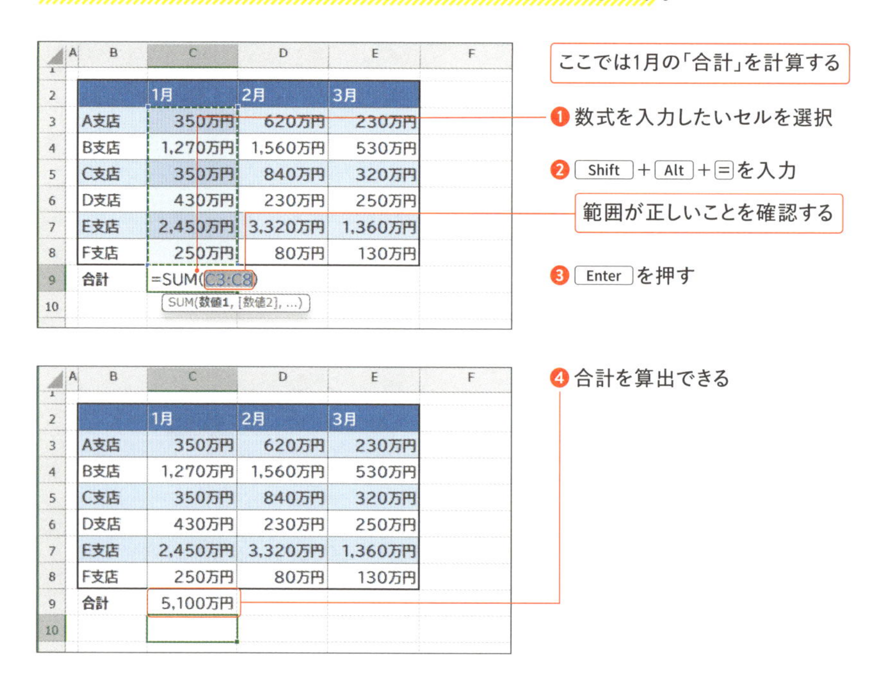

	1月	2月	3月
A支店	350万円	620万円	230万円
B支店	1,270万円	1,560万円	530万円
C支店	350万円	840万円	320万円
D支店	430万円	230万円	250万円
E支店	2,450万円	3,320万円	1,360万円
F支店	250万円	80万円	130万円
合計	5,100万円		

目的を入力して数式に関数挿入する

数式の関数はまず「関数を知らなければならない」ところから始まり、さらに関数に対して引数（セル範囲や数値など指定）が必要になり、覚えるのがかなり面倒なものです。正直、最初の「=」を入力することさえ、関数に苦手意識があると苦痛でしょう。

こんな悩みを簡単に解決できるのが、［関数の挿入］ダイアログです。数式を入力したいセルでショートカットキー Shift + F3 で、簡単に目的を満たせます。

memo：［関数の挿入］ダイアログは、使えば使うほど、よく利用したものが上位に表示される仕様です。つまり、よく使う関数を便利に利用することができます。

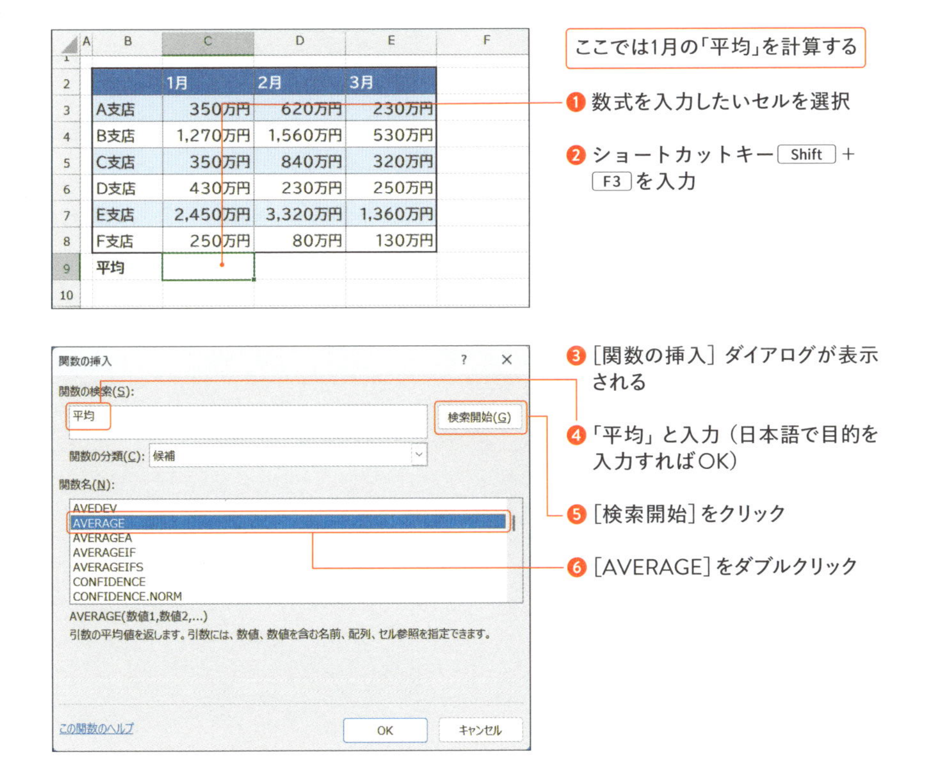

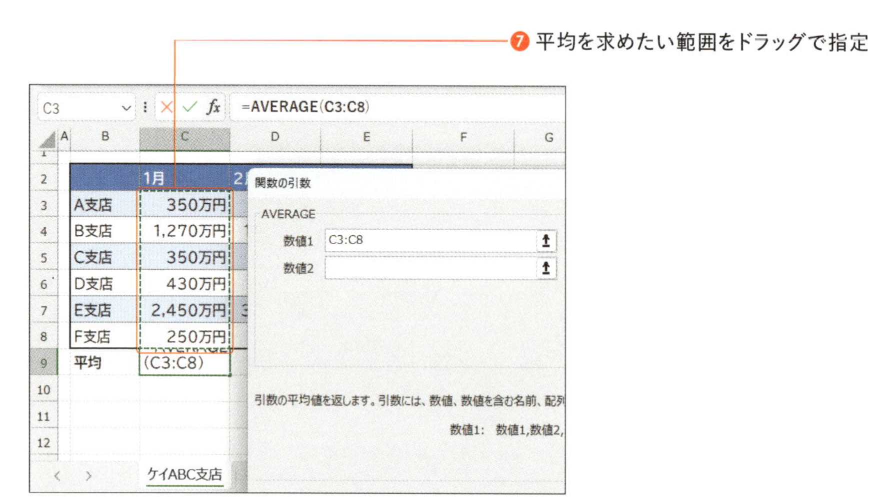

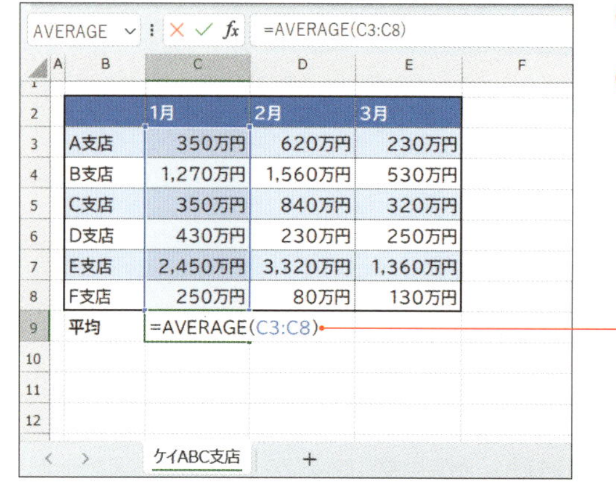

❽ [OK]をクリック

❾ 数式（関数）がセルに挿入される

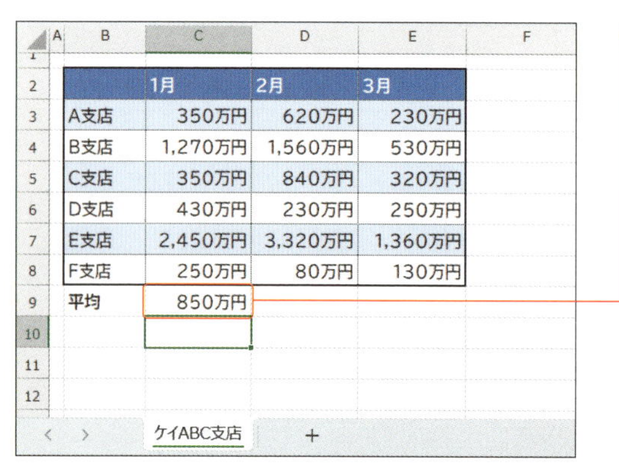

❿ 指定範囲の「平均」を求めることができる

関数の引数をアシストしてもらう

関数はわかっているものの引数がわからない場合は、関数を入力したのちにショートカットキー Ctrl ＋ Shift ＋ A を入力すれば、「引数として何を入力すればよいか」が表示できます。

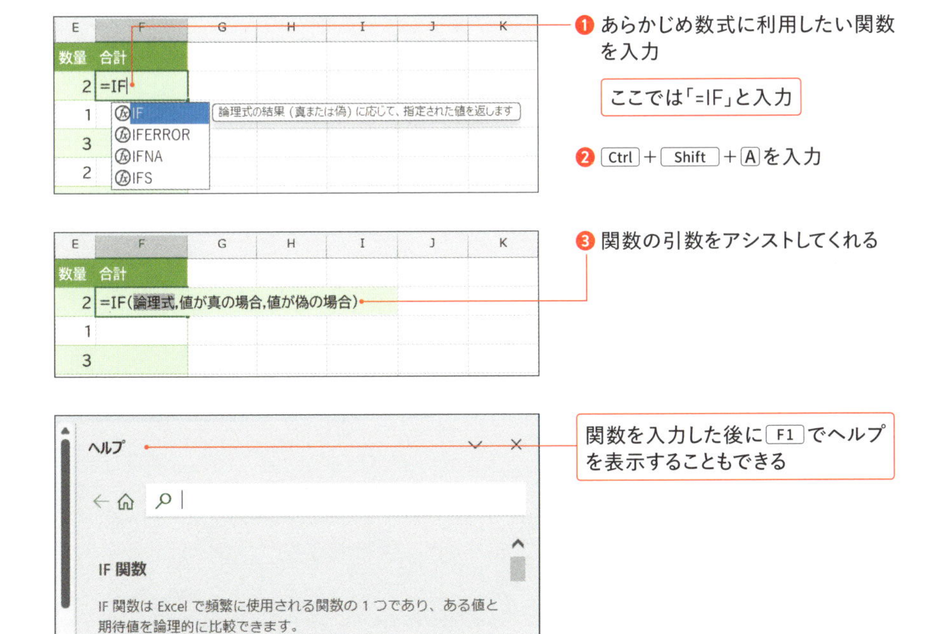

自分で悩まず「AI」を賢く使って数式を作成してもらう

数式として、「割り算をして、割り切れたら"○"、割り切れなかったら"×"」を実現するにはどうすればよいでしょうか？

例えばA2セルに「10」、B2セルに「3」として、C2セルでA2セルをB2セルで割って、割り切れるか「○×」で答えを出したい場合は……。

意外とExcelを知っている人でも難しいのですが、**このような場合は、Copilot（P.037参照）に質問して、数式を作ってもらえば即解決です**。

Excelの数式で分からないことがあれば、積極的にAIを活用して解決してしまいましょう。

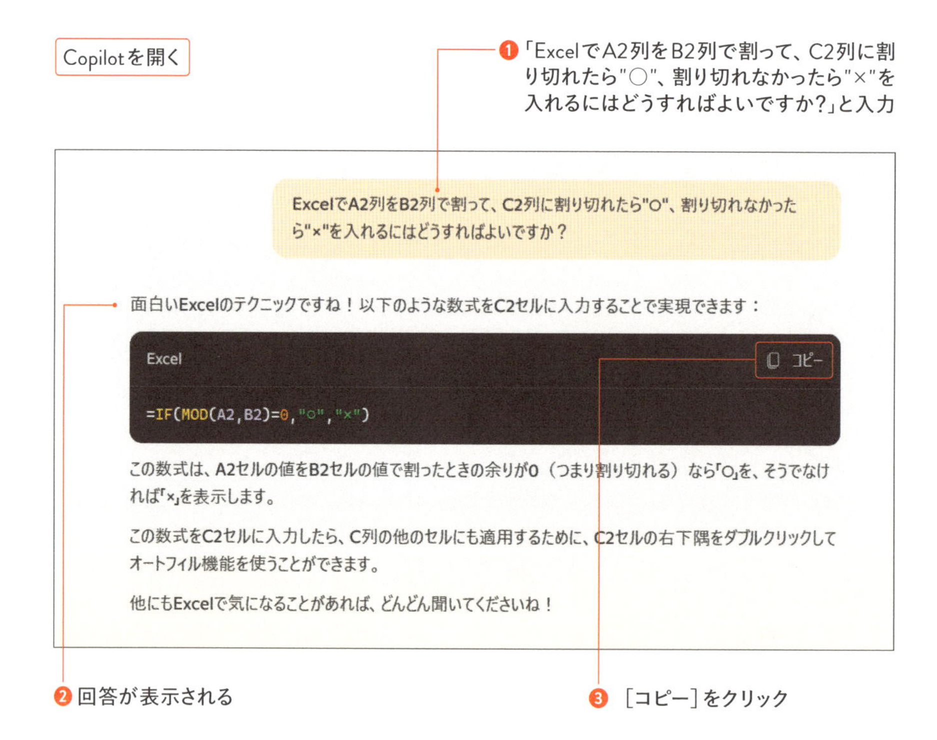

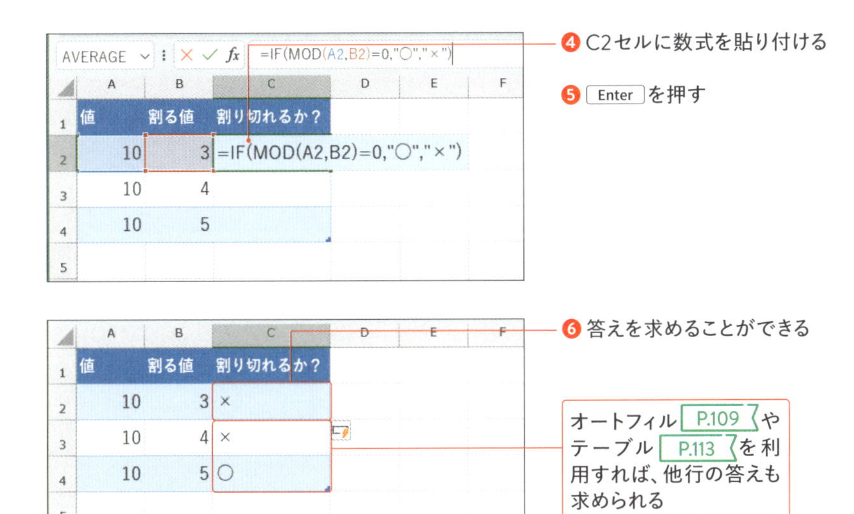

memo：AIの回答は正しいとは限らないため、AIで作成した数式は必ず検算を行って問題がないことを確認するようにします。

オートフィルや一括入力で楽々作業

オートを基本になるべく手入力しない

手入力する項目が多ければ多いほどミスに繋がります。

例えば「同じ[県名]のデータをみたい」などの場面で、「神奈川」と「神奈川県」のように揺れた入力をしてしまうと、うまく同じ県を絞り込んで表示できません。このような問題を起こさないためにも**Excelの入力や数式は積極的に「オート」（自動）と名前についた機能を利用しましょう**。

自動入力候補ですぐに入力

Excelでデータ入力作業を進めている状態で、縦列にある同じデータを入力したい場合は、ショートカットキー Alt + ↓ を入力します。今までの入力した内容がドロップダウンで表示されるので、選択するだけで入力できます。

この操作は単に入力時間を軽減できるだけではなく、**表記揺れ（前後文字の有無・送り仮名の揺れ・スペースの有無など）を起こさないで済むのもメリットです**。

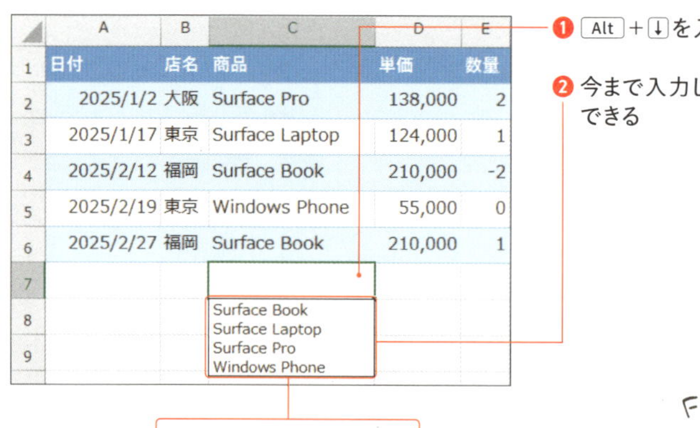

	A	B	C	D	E
1	日付	店名	商品	単価	数量
2	2025/1/2	大阪	Surface Pro	138,000	2
3	2025/1/17	東京	Surface Laptop	124,000	1
4	2025/2/12	福岡	Surface Book	210,000	-2
5	2025/2/19	東京	Windows Phone	55,000	0
6	2025/2/27	福岡	Surface Book	210,000	1
7					
8					
9					

一気に値・文字・数式を入力する

セルに同じ値・文字列・数式を一気に入力したい場合は、あらかじめ複数のセルを選択して、任意の値を入力します。こののちに Ctrl + Enter を押せば、一気に入力できます。意外と便利で使える方法なので覚えておきましょう。

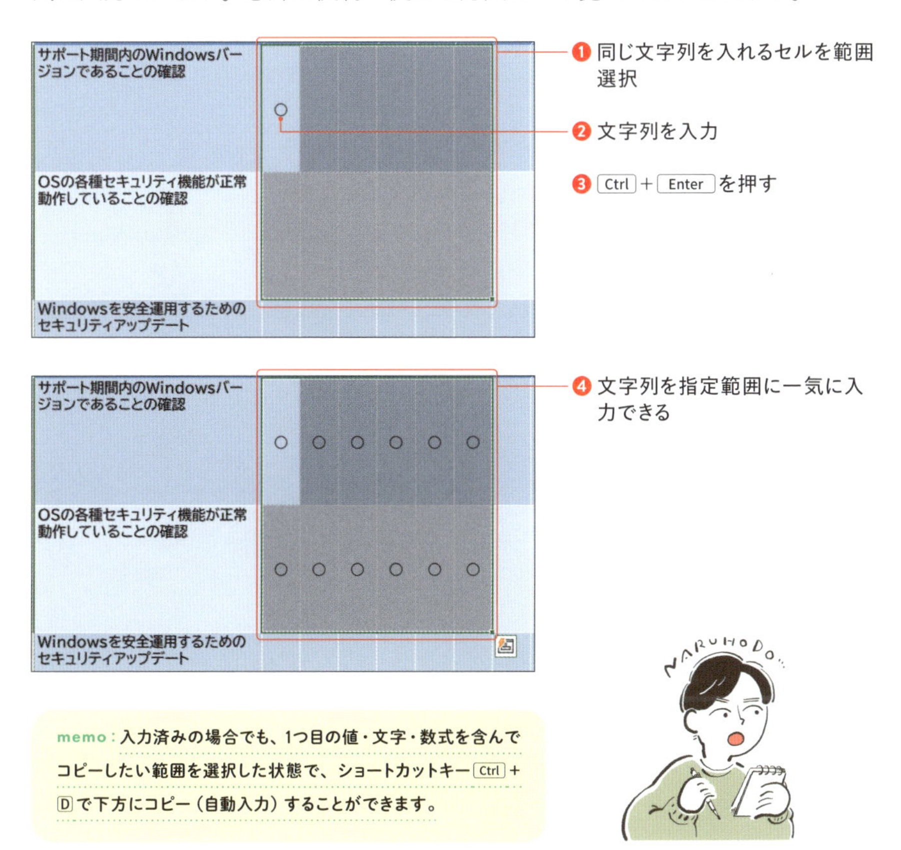

memo：入力済みの場合でも、1つ目の値・文字・数式を含んでコピーしたい範囲を選択した状態で、ショートカットキー Ctrl + D で下方にコピー（自動入力）することができます。

オートフィル（自動入力）を活用して自在に入力する

「オートフィル」といえばExcelでは有名な機能で、セルの右下をドラッグすることにより連続データが入力できます。

例えば、「年月日」が入力されたセルを選択して、セルの右下のフィルハンドルをドラッグすれば、1日ごとに連続した年月日を入力することが可能です。

なお、数値においてオートフィル加算がうまくされない場合は、「2つ目の値」も入力したうえで「1つ目と2つ目の値」を選択して、セルの右下のフィルハンドルをドラッグします。

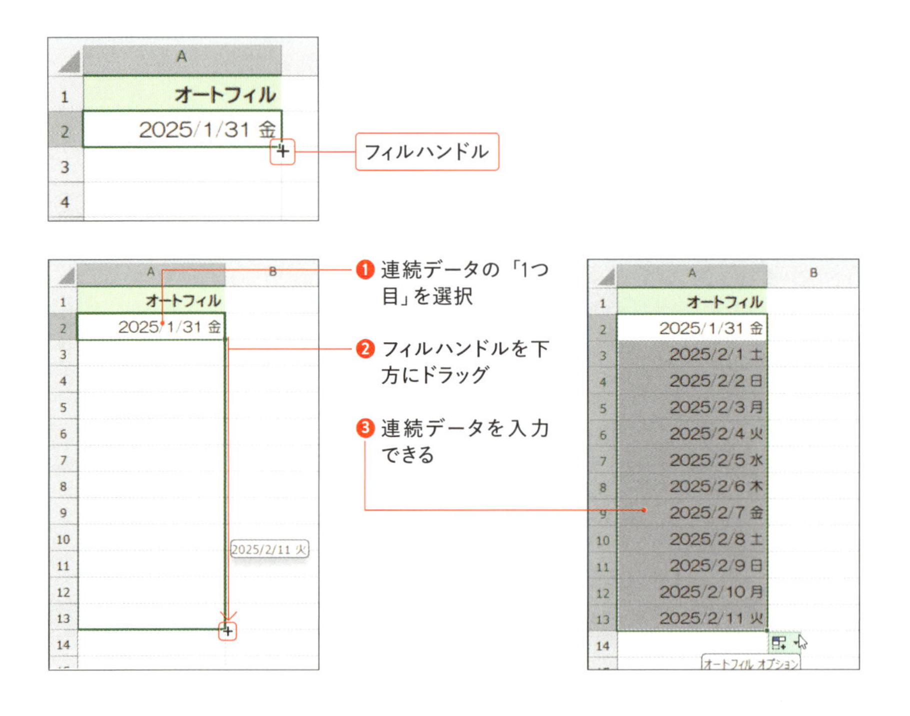

オートフィルを応用して自在に入力する

年月日の連続データ入力では「ウィークデーのみ連続入力」(土日は不要)や「月末日のみ連続入力」などを実現したい場面もあります。

このような場合は、そのままセルの右下のフィルハンドルをドラッグせず、セルの右下のフィルハンドルをマウスの右ボタンを押しながらドラッグします(右ドラッグ)。

ショートカットメニューが表示されるので、任意のものを選択すれば、指定に従った連続入力を行うことができます。

ウィークデー連続入力

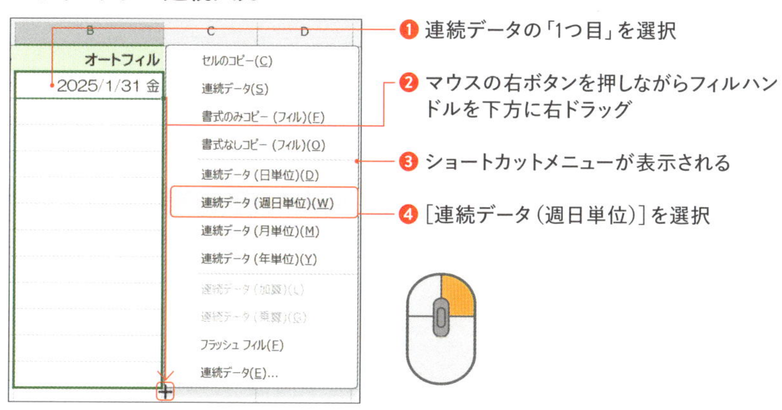

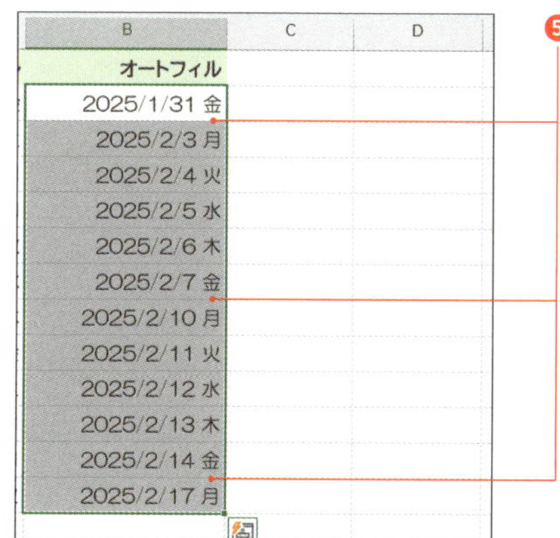

❺ 土日を除いた連続データを自動入力できる

月末連続入力

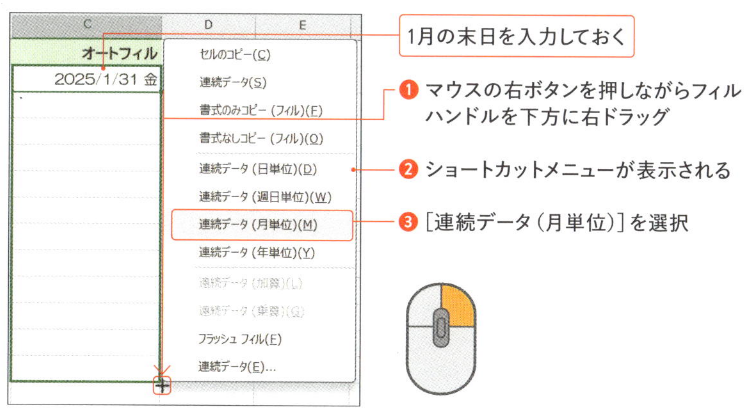

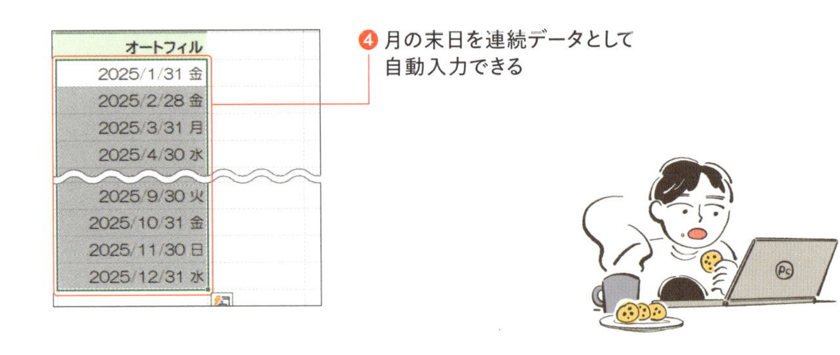

フラッシュフィル

　フラッシュフィルはデータパターンを自動認識して処理を行う機能で、手作業を大幅に軽減することができます。

　例えば、セルに苗字＋名前を入力してしまったが、「苗字」と「名前」を分けたい、住所において「県名」と「住所」に分けたい、こんな場合にいちいち手入力して作り直すのは面倒ですが、フラッシュフィルであれば一気に解決することができます。

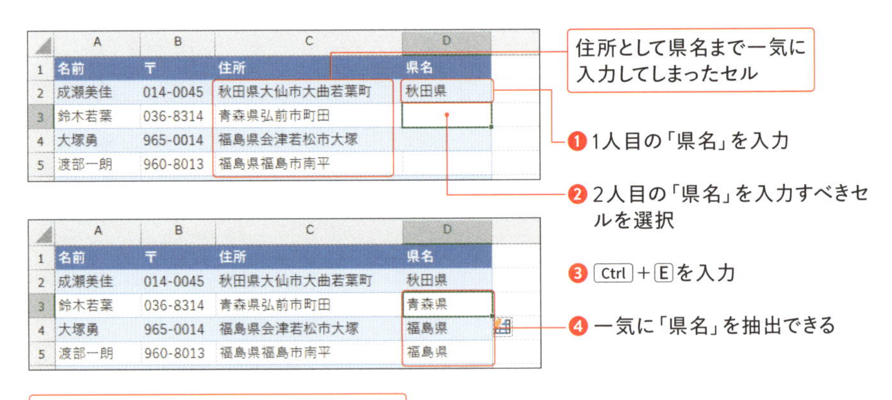

フラッシュフィルの結果はセルでの入力であり数式ではないため、間違いがある場合は手で修正してよい　+α

memo： フラッシュフィルは、郵便番号や電話番号を文字列としてハイフン（-）なしで入力してしまったがハイフンを入れたい（09011112222→090-1111-2222）、メールアドレスのドメインのみを抽出したいなど、様々な場面で活用できます。

09 テーブル化で楽々Excel作業

デザインや追加行列の書式&数式の自動化

Excelを扱う際に表の体裁を整えることは重要ですが、見出し行をデータセルと差別化するために任意に装飾したり、書式や数式を行・列にコピーしたりするのは面倒です。

そんな面倒くさい&ミスが起こりがちな作業をすべて自動化してくれるのが「テーブル化」です。**テーブル化すれば、テーブルデザインが一括適用できるほか、データ入力や視認性を高める1行おきの背景色も自動適用できます。**

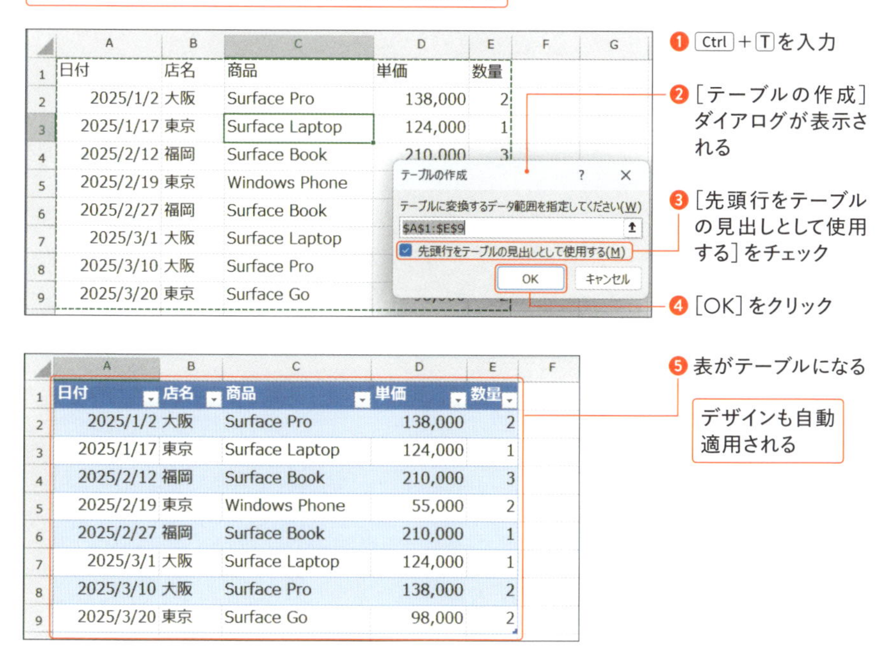

日付	店名	商品	単価	数量
2025/1/2	大阪	Surface Pro	138,000	2
2025/1/17	東京	Surface Laptop	124,000	1
2025/2/12	福岡	Surface Book	210,000	3
2025/2/19	東京	Windows Phone	55,000	2
2025/2/27	福岡	Surface Book	210,000	1
2025/3/1	大阪	Surface Laptop	124,000	1
2025/3/10	大阪	Surface Pro	138,000	2
2025/3/20	東京	Surface Go	98,000	2

データの自動拡張

テーブルでは、行や列を増減した際にデザインが適用されるほか、数式などを一か所入力するだけでオートフィルなどを用いずとも該当する行に数式が自動適用されます。

1行おきに背景色なども行挿入した場合に一般的な表（非テーブル化）ではデザインはやり直しになりますが、テーブルでは行挿入しても、きれいに1行おきの背景色が自動適用されます。

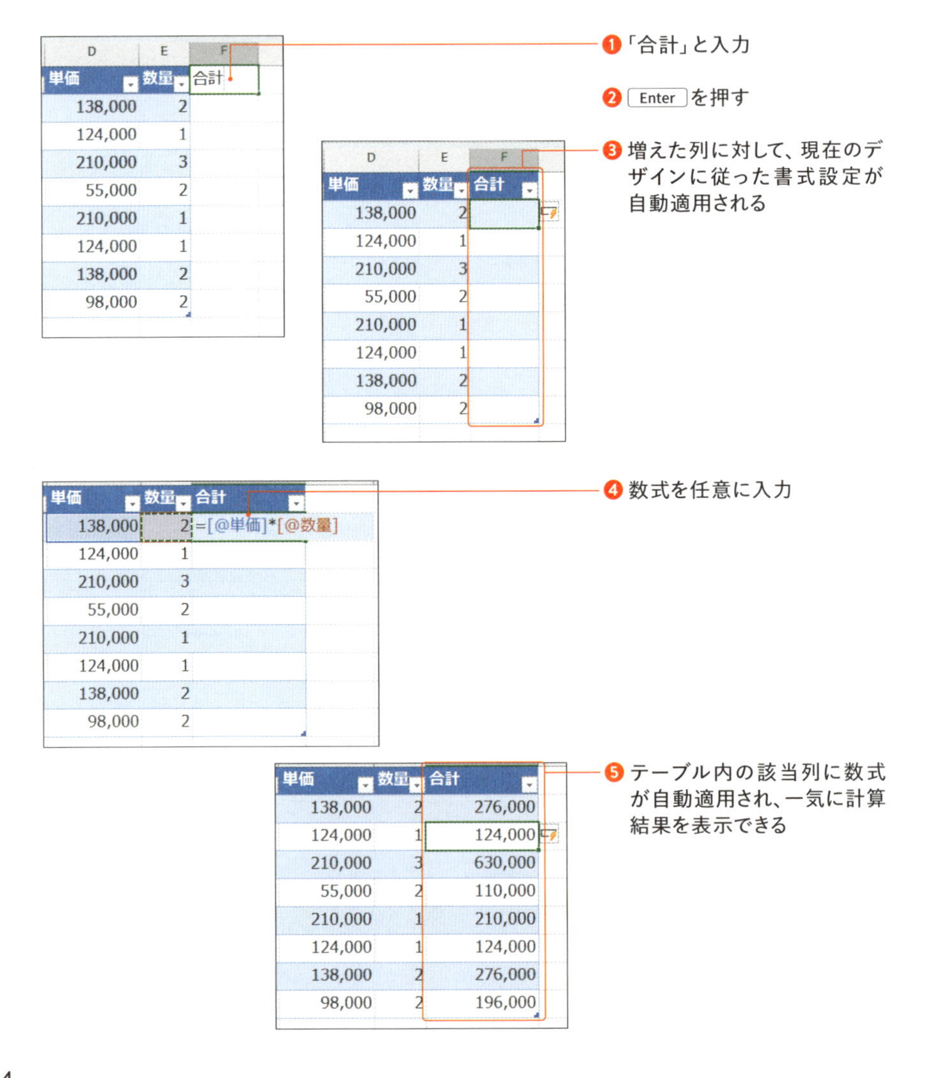

テーブルデザインの変更

テーブルのデザインはいつでも変更可能です。[テーブルデザイン] タブで任意のクイックスタイル（テーブルスタイル）をクリックすれば、表全体のデザインを素早く変更できます。

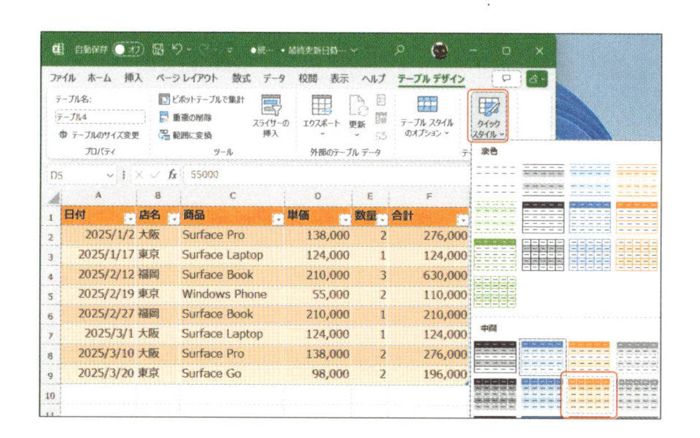

絞り込み表示（フィルター）

Excelのテーブルでは「特定の期間」「特定の値以上」「特定の住所」「特定の商品」などを指定して、絞り込み表示をすることが可能です。

主に分析したい場合や、必要なデータだけを参照したい場合に便利な機能であり、見出し行のフィルターで指定することができます。

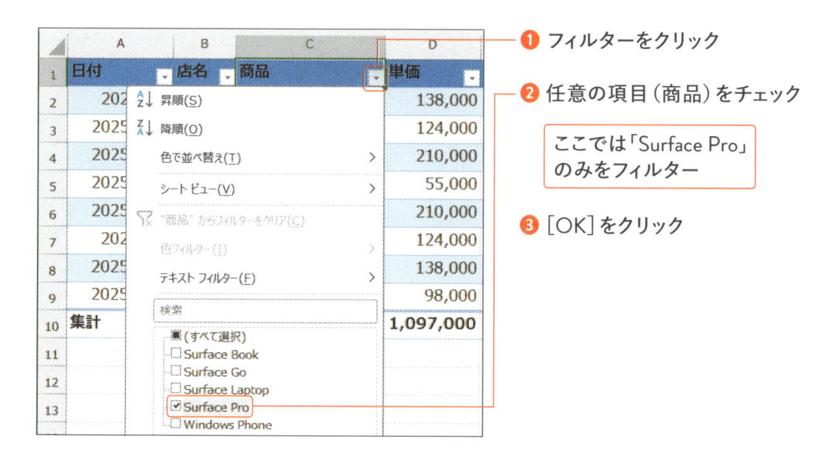

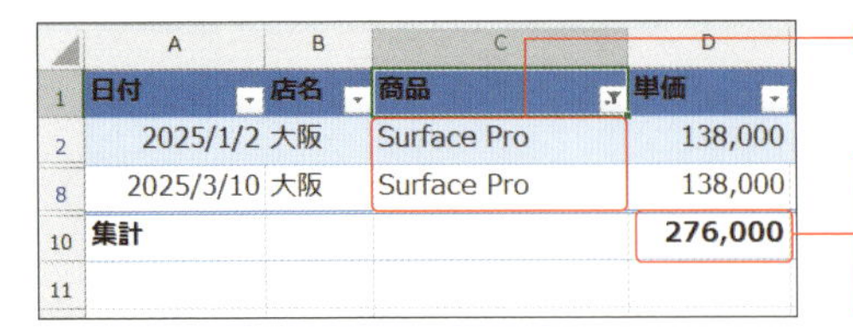

❹ 指定されたもののみが表示される

集計行を表示しておけば、絞り込まれた情報に従った集計が行われる

集計行の表示

集計行を表示したい場合は、［テーブルデザイン］タブから［集計行］をチェックして、該当位置に［合計］［個数］などを選択しておけば、絞り込まれた情報の合計や個数を算出できます。

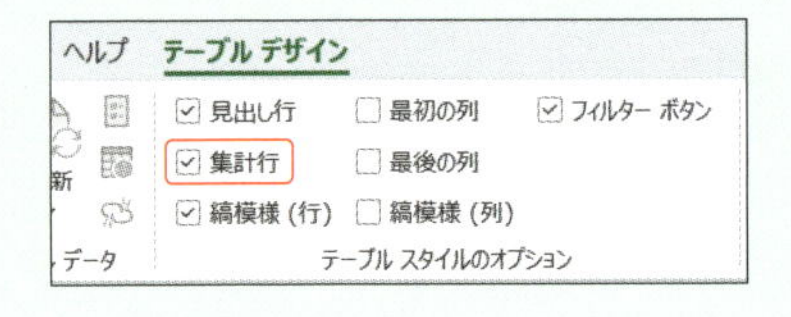

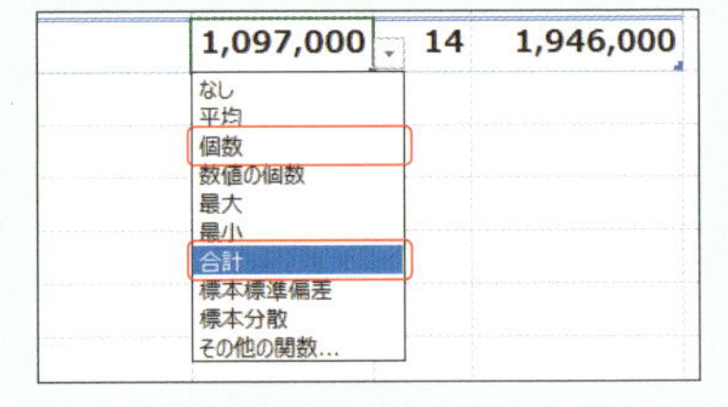

並べ替え（ソート）

Excelの並べ替え（ソート）では、データを特定の順序に並べ替えることができます。例えば支店ごとの売り上げデータなどにおいて「日付順に並べ替える」「売り上げが高い順に並べ替える」などが可能です。

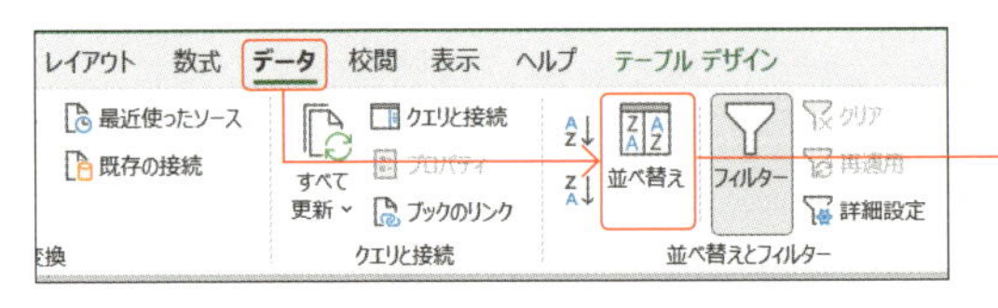

❶ ［データ］タブから［並べ替え］をクリック

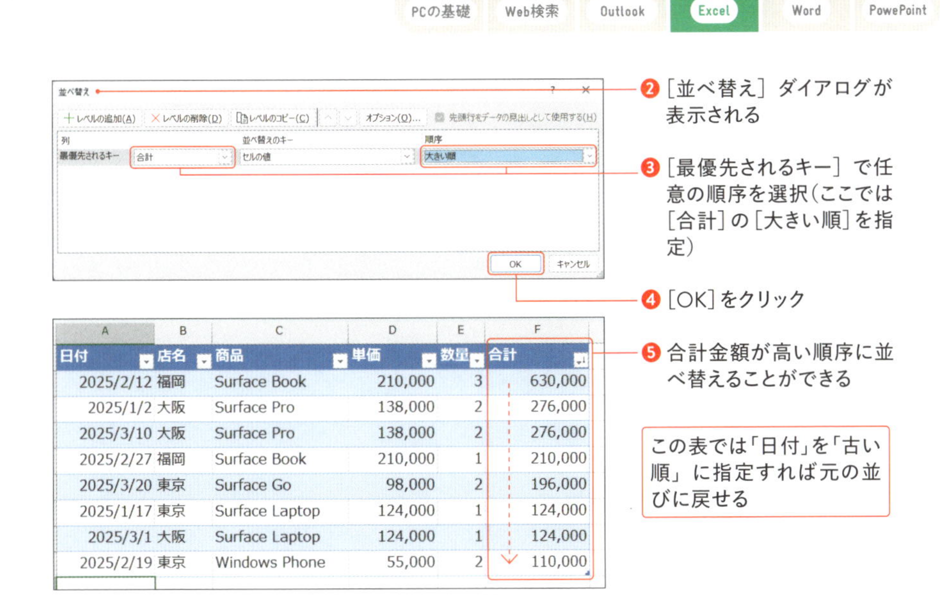

日付	店名	商品	単価	数量	合計
2025/2/12	福岡	Surface Book	210,000	3	630,000
2025/1/2	大阪	Surface Pro	138,000	2	276,000
2025/3/10	大阪	Surface Pro	138,000	2	276,000
2025/2/27	福岡	Surface Book	210,000	1	210,000
2025/3/20	東京	Surface Go	98,000	2	196,000
2025/1/17	東京	Surface Laptop	124,000	1	124,000
2025/3/1	大阪	Surface Laptop	124,000	1	124,000
2025/2/19	東京	Windows Phone	55,000	2	110,000

テーブルを解除してデザインだけ残す

テーブルは非常に便利な機能ですが、テーブルを解除したい場合は、［テーブルデザイン］タブから［範囲に変換］をクリックします。［テーブルを標準の範囲に変換しますか？］で［はい］をクリックすれば、通常の表に戻すことができます。

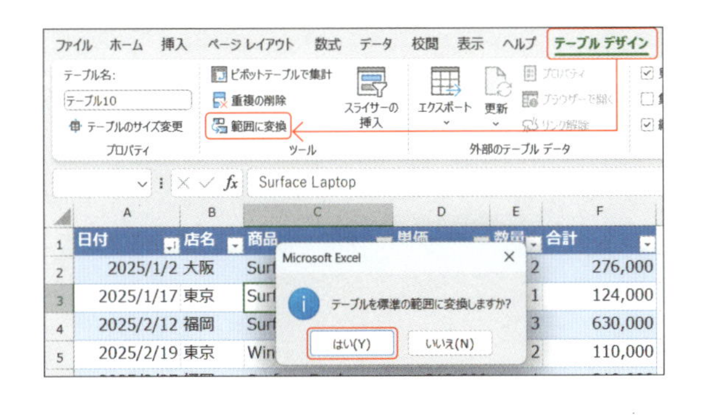

memo：「範囲に変換」しても、テーブルデザインで割り当てたデザインはそのまま利用できます。つまり、デザインだけを適用したい場合は、一度テーブル化してデザインを割り当てた後に、範囲に変換すると効率的です。

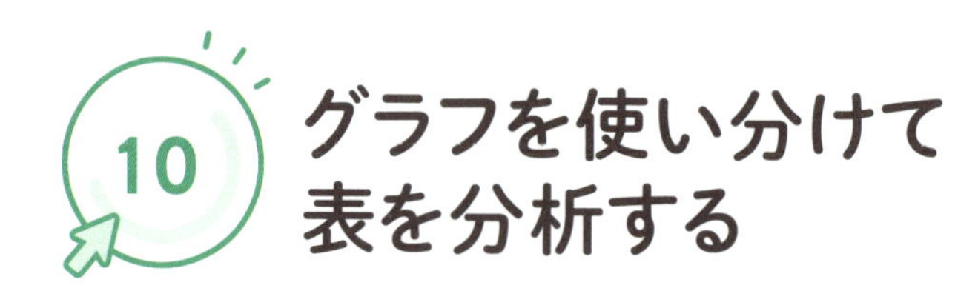

10 グラフを使い分けて表を分析する

グラフを作る目的を明確にする

棒グラフ・折れ線グラフ・円グラフなどを作成する主な目的は「データの視覚化」です。

数字だけではわかりにくい大きさの比較や割合をグラフ化することで、データの違いが一目でわかるようになります。さらに、グラフには視覚的効果があり、読み手の記憶に残りやすいというメリットもあります。

グラフを作成する際は、「誰に向けて何を示したいか」を明確にし、適切なグラフの種類を選びます。またグラフの見せ方にも工夫を凝らすことが大切です。

用途から考えるグラフの種類

Excelではさまざまな種類のグラフを作成することがありますが、棒グラフ・折れ線グラフ・円グラフのそれぞれの特徴を把握して使い分けるのが一般的です。

各グラフ作成において「月ごとの売り上げ比較」を例にとれば、「棒グラフ」はどの月の売り上げが最も高いかを一目で理解でき、「折れ線グラフ」が月ごとの売り上げ推移（増減）を理解でき、「円グラフ」であれば各月の売り上げの割合が理解できます。

□ 棒グラフ

データを水平方向または垂直方向に棒で表現し、異なるカテゴリ間、売上高や生産量などの数量データ、異なる製品や部門のパフォーマンスを比較する際に効果的です。

例えば、月別売り上げや部門別業績の比較などに適しています。

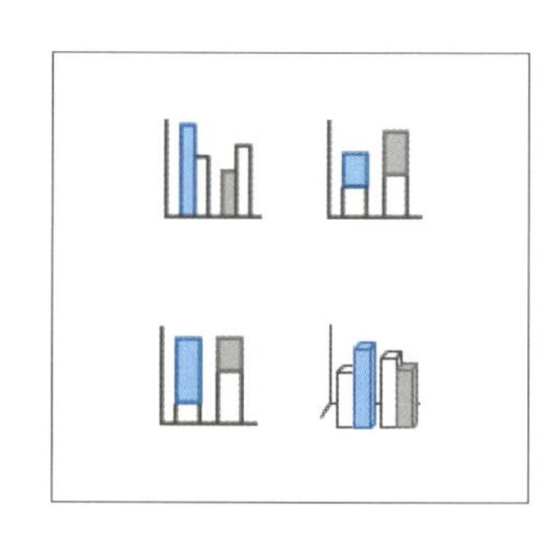

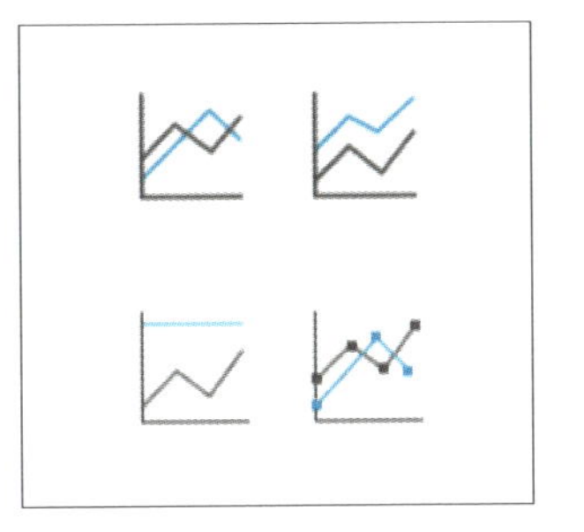

□ 折れ線グラフ

点と点を線で結んで、データの推移や変化を視覚的に表現でき、時間の経過によるデータの変化を示したい場合に効果的です。

例えば、売り上げの推移、気温変化、株価の動向などに適しています。

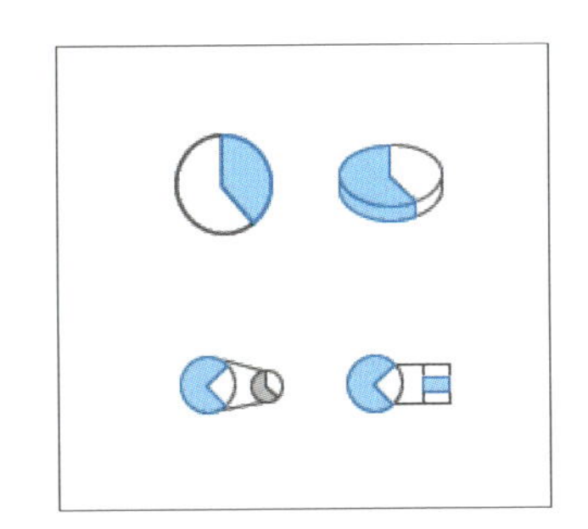

□ 円グラフ

全体に対する各部分の割合を円で表現し、各データの比率を直感的に示すことができます。全体に対する各カテゴリの比率を示す際に効果的です。

例えば、市場シェアの割合、予算の配分、アンケート結果の割合などに適しています。

グラフの作成

Excelのグラフの作成では、グラフで示したいセルの範囲を選択して、[挿入]タブから目的のグラフをクリックします。なお、わかりやすいのは「おすすめグラフ」から任意のグラフを選択する方法です。

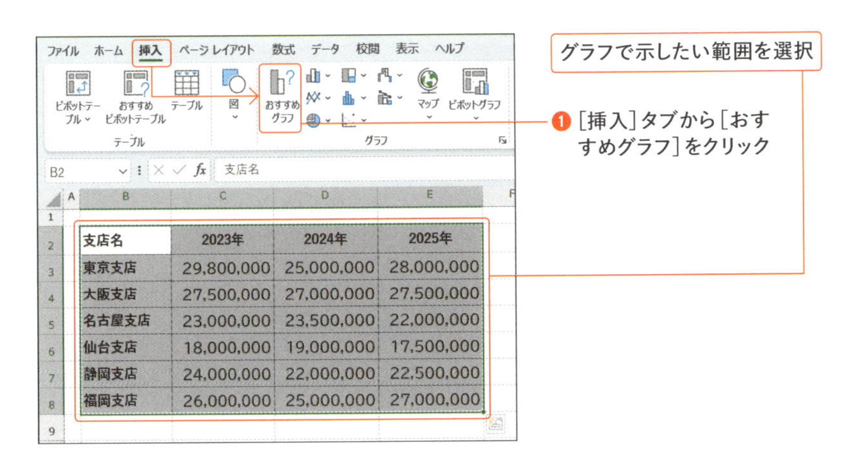

支店名	2023年	2024年	2025年
東京支店	29,800,000	25,000,000	28,000,000
大阪支店	27,500,000	27,000,000	27,500,000
名古屋支店	23,000,000	23,500,000	22,000,000
仙台支店	18,000,000	19,000,000	17,500,000
静岡支店	24,000,000	22,000,000	22,500,000
福岡支店	26,000,000	25,000,000	27,000,000

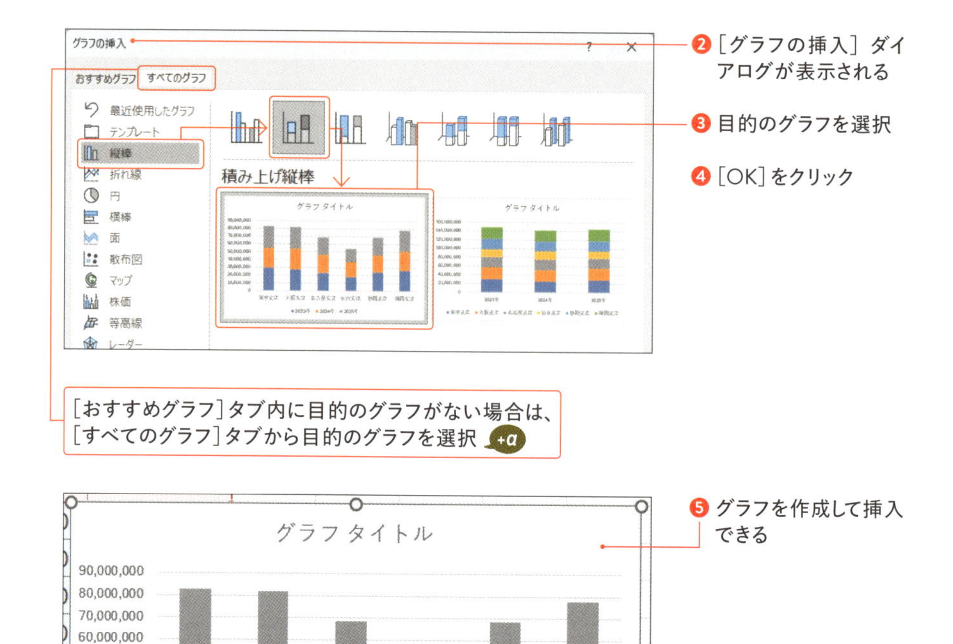

memo：グラフはExcelのセルとは別のレイヤー（層）に作成されるため、いつでも移動や削除が可能です。また、グラフ全体および各グラフの要素はドラッグ&ドロップすることで拡大&縮小することができます。

グラフ要素のカスタマイズ

グラフに表示する要素は、任意にカスタマイズできます。グラフをクリックして、［+］（グラフ要素）をクリックすれば、任意に表示指定が可能です。

なお、表示指定できるグラフ要素はグラフの種類によって異なります。

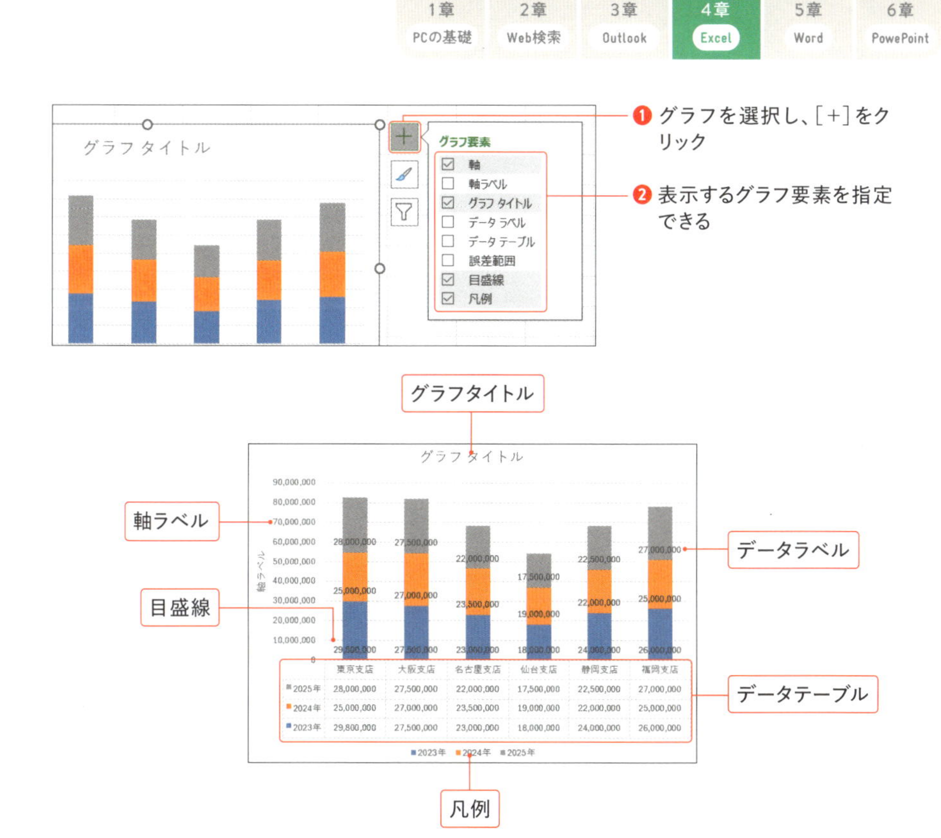

クイック分析でグラフを作らず分析する

数値の傾向をザクっと知りたい場合は、グラフを別途作成せずにデータの可視化が可能な「クイック分析」が便利です。クイック分析はセル内で「データバー」「カラー」「アイコン」などを表示して、効率的に分析することができます。

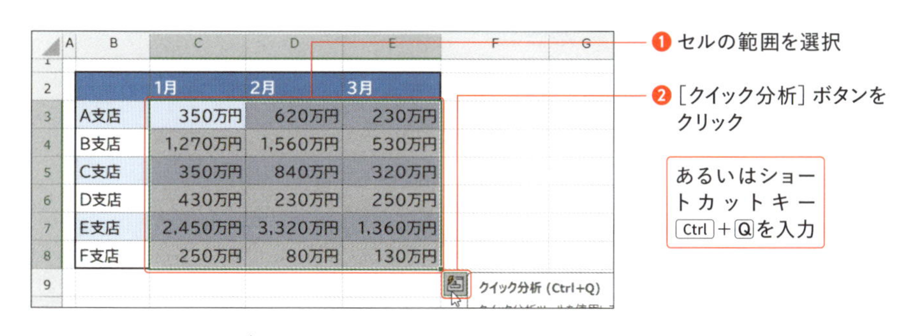

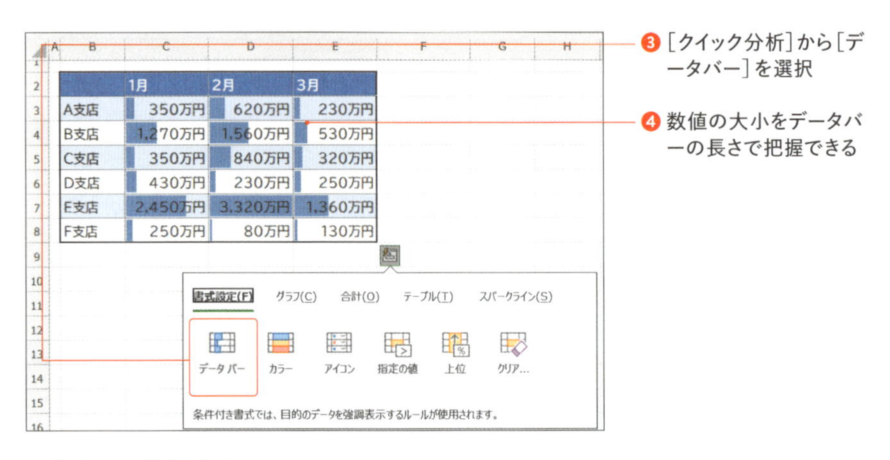

□ カラーで分析する

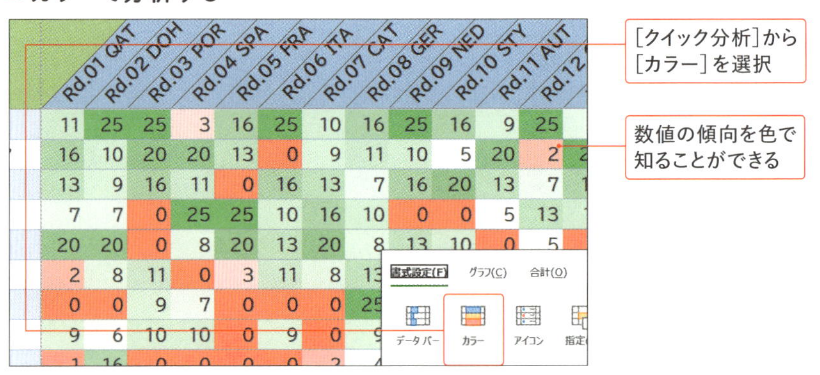

□ アイコンで分析する

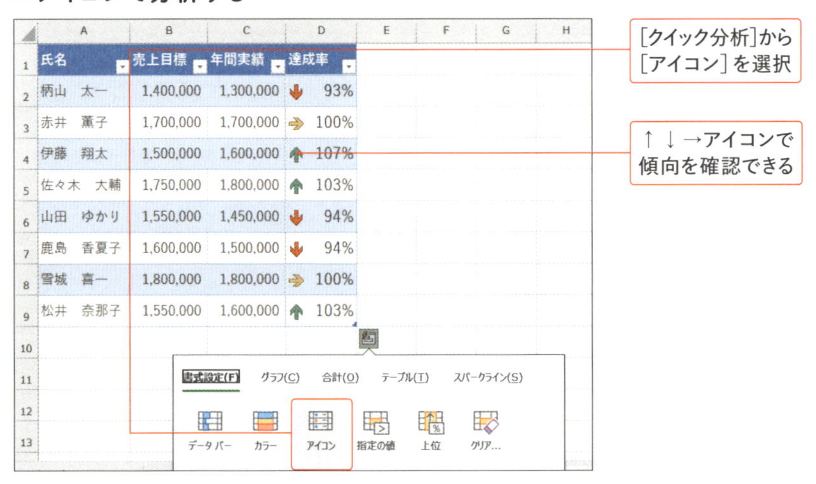

11 ExcelでのED刷とPDFファイル作成

Excelできれいに印刷するためのコツ

ExcelはWordやPowerPointのように明確なページレイアウトの上で作成するデータではないため、印刷時にはいくつかのことに気を付ける必要があります。

Excelのワークシートを印刷物としてきれいに収めるためには、まず「印刷プレビュー」で印刷状態を確認したうえで、紙の向きや拡大縮小を指定します。

また、実際の印刷物をイメージして、ヘッダー／フッターに「ファイル名」「日付」「ページ数」などの情報を配置するかを検討します。

memo：印刷時に1ページに収まる表ならば特に気を付けることはありませんが、巨大なワークシートを印刷する場合は、「2ページ目以降にも見出し行を付けるか」を検討します。

印刷プレビューの表示

Excelは印刷プレビューを表示することで、実際に印刷するとどのようなレイアウトになるかを確認できます。印刷プレビューは［ファイル］タブから［印刷］をクリックすれば表示できます。

よく利用する機能なので、ショートカットキー Ctrl ＋ P （PrintのP）を覚えてしまうとよいでしょう。

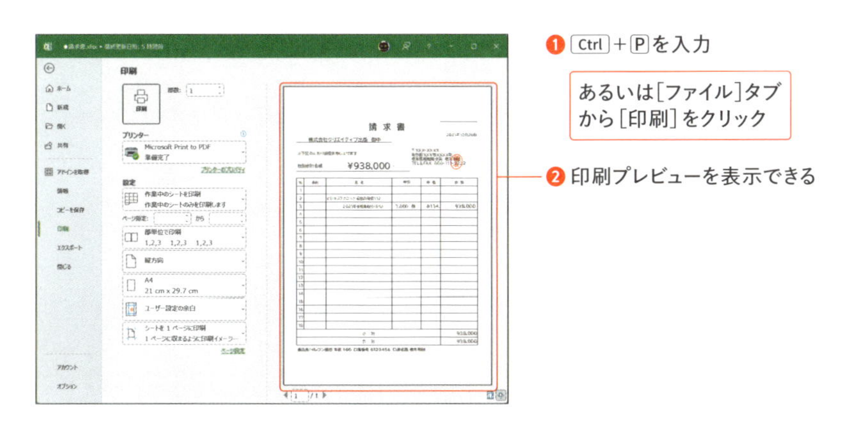

ページレイアウトの調整

ページレイアウトの調整はワークシートの大きさによって異なります。

例えば、横に長い表であれば用紙の向きを「横方向」にする、すべての列を1ページに収めたければ拡大縮小から［すべての列を1ページに印刷］を選択して、きれいに印刷できるように設定します。

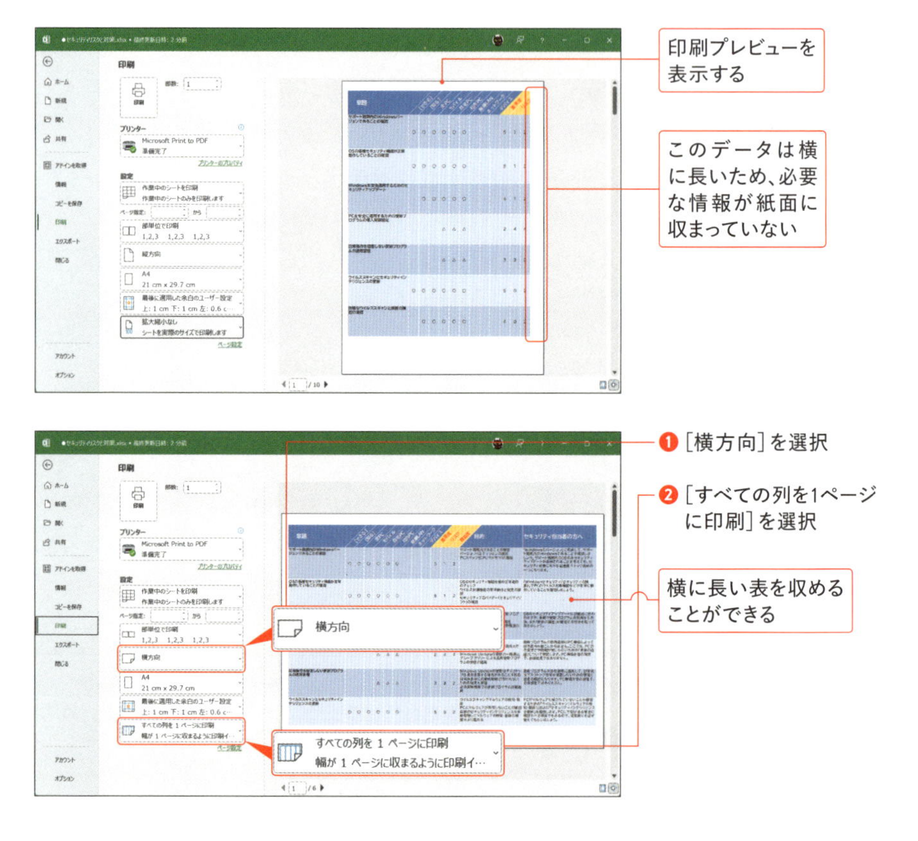

memo：余白で「ユーザー設定の余白」を指定して調整すれば、より1枚の用紙に多くのデータを収めることができます。ただし、余白として許容できるサイズはプリンターによって異なるため、特に人に渡すデータにおいては上下左右の余白に1センチ以上の余裕を持たせるようにします。

印刷物として必要な情報を紙の余白に付加する

「何を印刷したデータなのか」「いつ作成印刷されたデータなのか」「この印刷物は何ページ目なのか」などの情報を印刷物に付加できるのがヘッダー（印刷の上部）／フッター（印刷の下部）です。

Excelの印刷物が複数ページになる場合は、必ず「ページ番号」は付加するようにして、必要に応じて、ファイル名・日付・任意のテキストなどを付加するようにします。

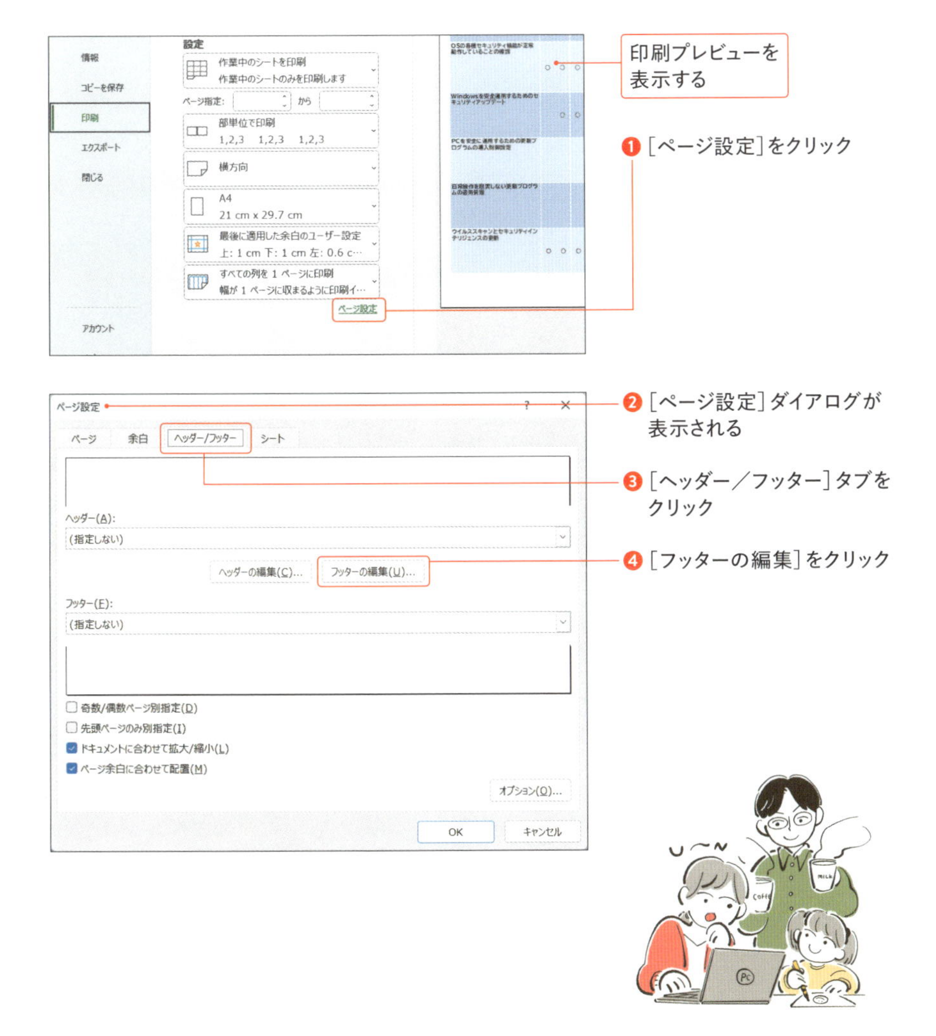

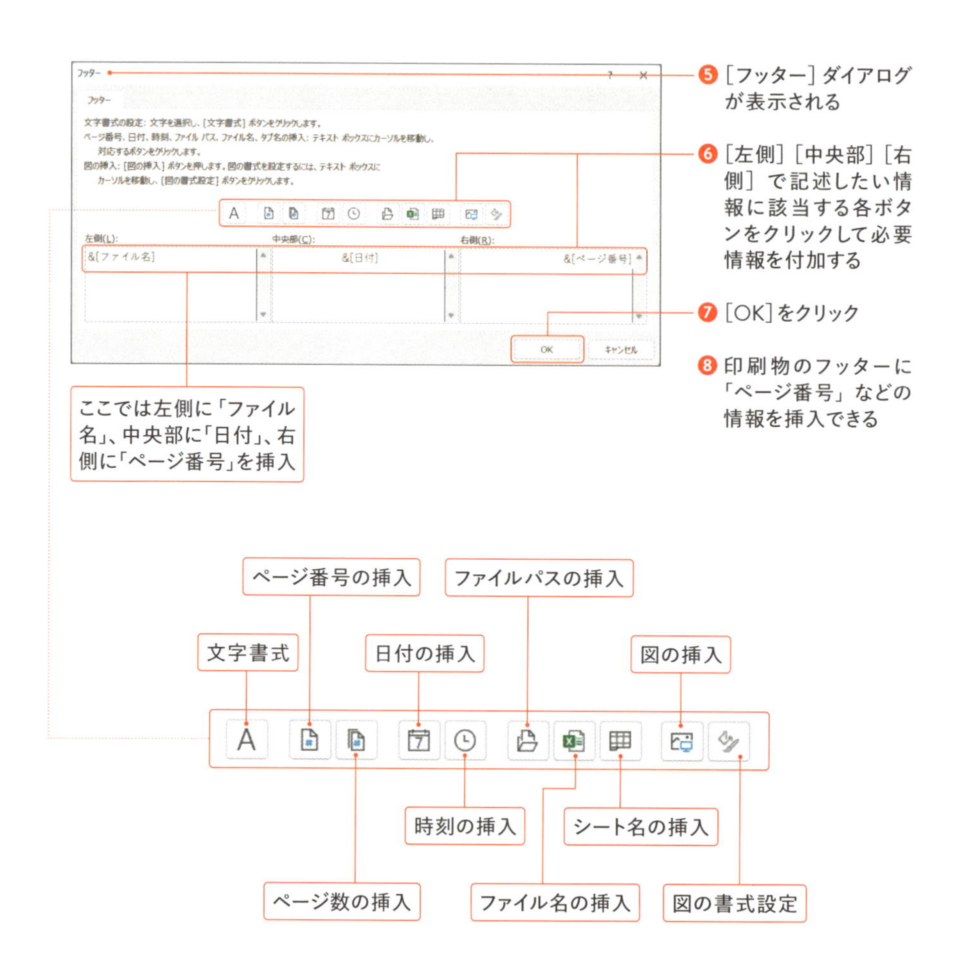

❺［フッター］ダイアログが表示される

❻［左側］［中央部］［右側］で記述したい情報に該当する各ボタンをクリックして必要情報を付加する

❼［OK］をクリック

❽印刷物のフッターに「ページ番号」などの情報を挿入できる

2ページ目以降も見出し行を印刷する

複数ページにまたがる表を印刷した場合、基本設定では見出し行は1ページ目しか印刷されないため、2ページ目以降ではデータのみになります。この状態だと、1ページ目の見出し行と突き合わせしながら2ページ目以降を参照しないと何を示しているのかわからないことがあります。

2ページ目以降も見出し行を印刷したい場合は、「ページレイアウト」で設定します。

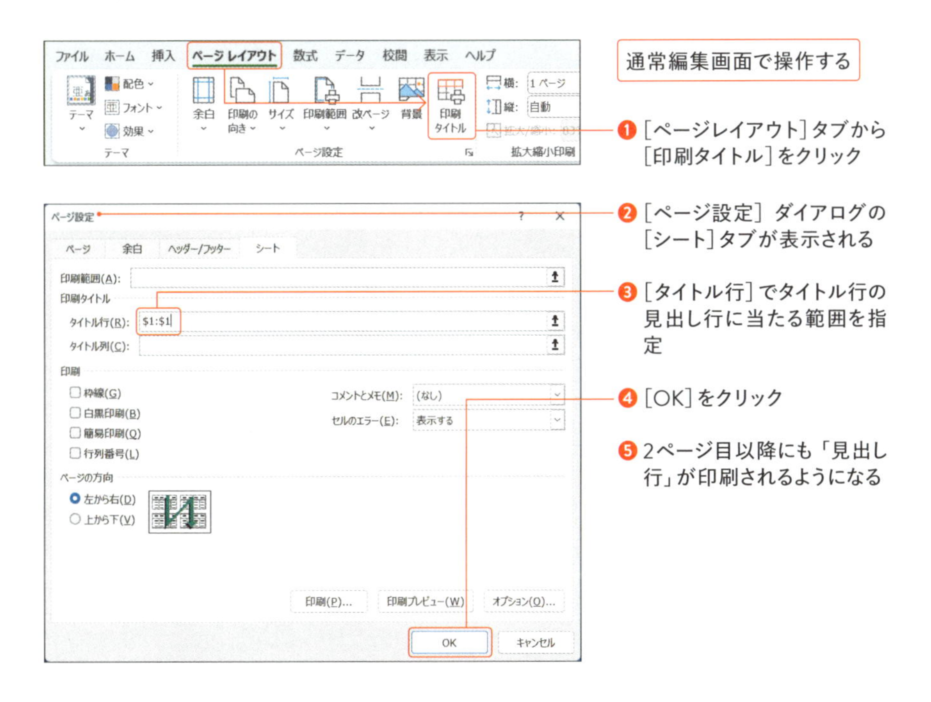

印刷とPDFファイルへの保存

用紙の向きや余白、ヘッダー／フッターなどを設定したら、印刷を実行します。[印刷プレビュー] の [プリンター] から印刷対象のプリンターを選択して、[印刷] をクリックすれば紙に印刷することができます。

また、PDFファイルとして出力したい場合は、[Microsoft Print to PDF] を選択して、[印刷] をクリックします。

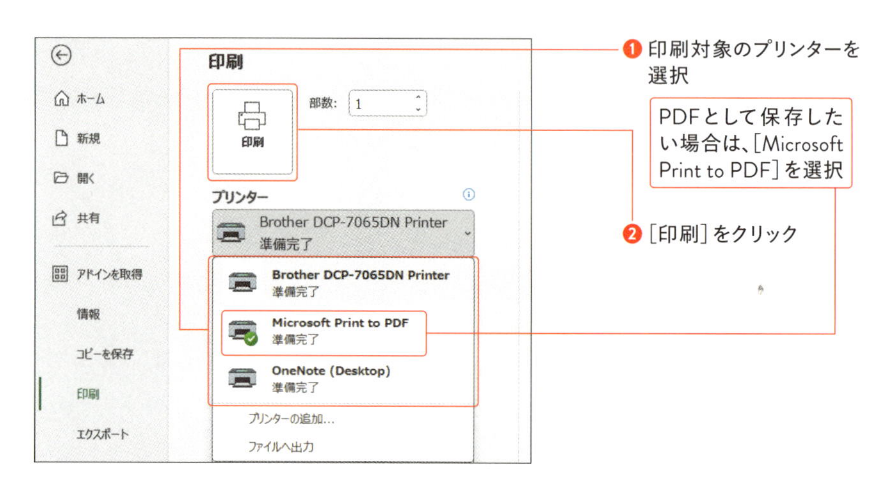

□ 印刷対象として [Microsoft Print to PDF] を選択した場合

Essential PC Skills for Confident Work

5章 Wordで見やすい文章を書く

Wordのここがポイント

Wordは誰でも簡単に文書を作成できますが、ビジネスシーンでは「読み手の印象」が重要です。シンプルさを重視し、読みやすい文書の作成を心がけます。また、以下のポイントを押さえることで、ビジネスの現場でも失敗しない文書作成が実現できます。

□ 統一感を大切にした書式の設定 ｜ 重要度：★★★ ｜

統一感のある書式を使うと、文書が自然に見え、読みやすさも向上します。読み手が一目で内容を理解しやすくなり、情報の伝達がスムーズになります。

□ 要所でのメリハリ ｜ 重要度：★★★ ｜

Word文書では統一感を保ちながらも、**要所でメリハリをつけることが重要です**。メリハリのつけ方としてはフォントの書体・サイズ・太字・斜体・色などがありますが、このような強調スタイルにおいても統一感が必要です。

□ 多様な色を使わない ｜ 重要度：★★ ｜

文書に多様な色を使わないことで、文書が読みやすくなり、専門的な印象を与えることができます。ビジネス文書では、シンプルな黒（白地に黒文字）を基本にして、強調したい部分にのみ必然性があれば特定の色を使用します。

□ 余白の大切さ ｜ 重要度：★★ ｜

文書においてはページに情報を詰め込み過ぎると、見やすさと信頼性が損なわれます。**特にビジネス文書においては、余白を意識することが重要です**。用紙の上下左右の余白を大切にしたうえで、行間も詰め過ぎないようにします。これにより、文書全体が整然とし、相手に好印象を与えることができます。

□ きれいな表づくりでの活用 | 重要度：★★ |

Wordの表はセルの横幅や高さをミリ単位で指定可能であるため、寸法が正確な表を作成できます。セルに対する網掛けの濃度指定や、セルに入りきらいない文字列を長体にできるなどの柔軟性もあります。これらの理由により、**複雑なレイアウトの表はExcelよりもWordのほうが向いています**。

□ コピペを積極的に活用 | 重要度：★★ |

Wordではコピー＆ペーストや書式のコピーを積極的に活用しましょう。これはテキスト入力や書式設定を素早く済ませて時間の節約になるほか、**一貫性を確保してミスの少ない統一感のある文書を作成できるからです**。

□ 誤字脱字のチェックと自動校正 | 重要度：★★★ |

ビジネス文書において誤字脱字の存在は、相手に注意力が欠けている印象を与え、評価を下げます。内容が正確に伝わらず、誤解や混乱を招く原因にもなりえます。

誤字脱字などの細かなミスを防ぐために文章校正ツールやAIを積極的に活用しましょう。

□ ヘッダー／フッターなど読み手に便利な情報の付加 | 重要度：★★ |

複数ページにわたるWord文書には、ページ番号、文書タイトル、日付、作成者情報などをヘッダー／フッターに追加します。これにより、読み手は文書の内容と作成日時を簡単に把握でき、業務において混乱を減らすことができます。

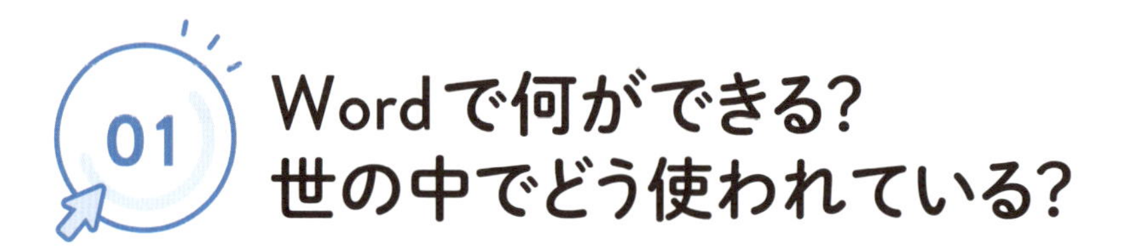

01 Wordで何ができる？ 世の中でどう使われている？

Wordは美しい書類を作成可能

Wordは、多機能なドキュメント作成アプリです。議事録・提案書・報告書・企画書など、さまざまなビジネス文書を簡単に作成できます。また、チラシやポスターといったマーケティング資料も手軽に作成でき、幅広い用途で活用します。

さらに、Wordでは文中に写真・表・グラフなどを挿入することができるため、相手にとって理解しやすい文書を作成できます。特に綿密な表の作成が得意で、履歴書のような複雑な表も簡単に作成できます。

Wordの画面構成

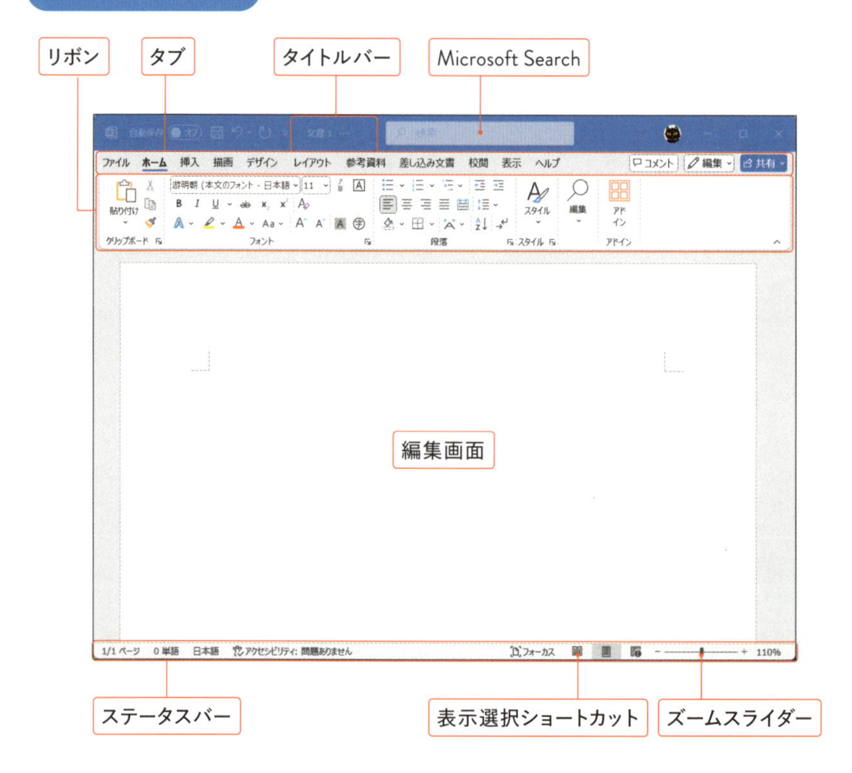

見やすい文書のための文字の効果とフォントの設定

文字装飾における注意点

ビジネス文書における文字効果は、「統一感」を大切にするようにします。例えば、ある場所の強調ではイエローマーカー、ある場所の強調は太字＆赤字＆フォントサイズ変更、ある場所の強調ではフォントA、ある場所の強調ではフォントBなどは厳禁です。

文字装飾はその理由（強調ポイントや読みやすさなど）を明確にしたうえで、その理由に基づいて使い分けるようにします。

見出しのフォントと本文フォントの設定

一般的にはWord標準で割り当てられている標準フォント（デフォルトは「游明朝」、Wordのバージョンによって異なる）で文書を作成して問題ありませんが、文章全体のフォントを一括で変更したい場合は、［デザイン］タブから見出しのフォントと本文のフォントの組み合わせを指定します。

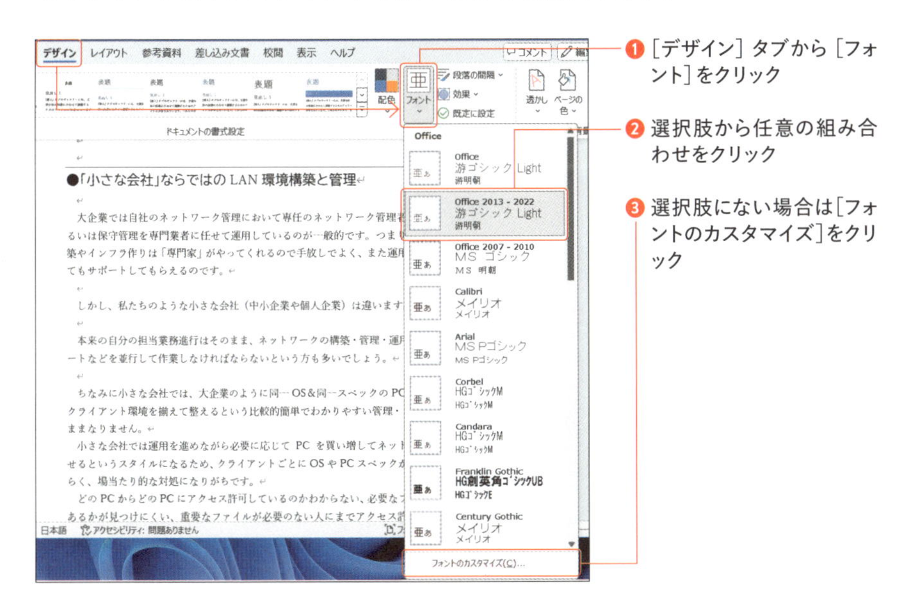

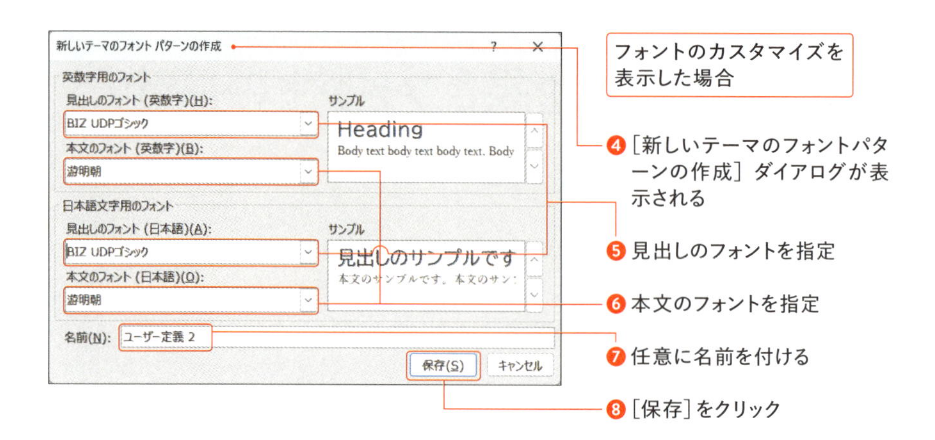

column フォント選びの考え方

［見出しのフォント］と［本文のフォント］はそれぞれ英数字用のフォント（欧文フォント）と日本語文字用フォント（和文フォント）の指定が可能です。和文フォントと欧文フォントの組み合わせは似たフォント（日本語の文中に英数字が含まれても違和感のないもの）を選択する必要がありますが、迷う場合は英数字用のフォントも和文フォント（欧文がプロポーショナルなもの）を指定してしまうとよいでしょう。

文字装飾とフォント

Wordの文字装飾は文中の文字を選択して、リボンの［ホーム］タブの［フォント］から行う方法と、文字をマウスで選択した際に表示されるミニツールバーで行う方法の二種類があります。

memo：文中の特定の箇所をボールド（太字）にしたりマーカーを引いたりすることは、「重要箇所の強調」になるほか、理解の向上や相手の記憶に残りやすくなるなどの効果があります。

□ リボンによる文字装飾

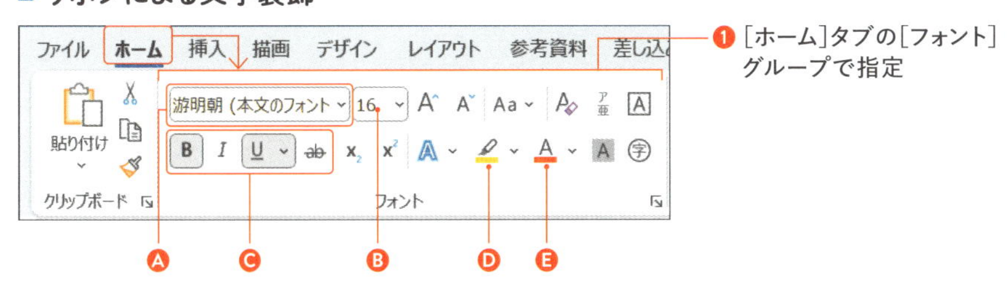

コマンド	説明
Ⓐフォント	任意のフォントに変更できる。なお、ドロップダウンでクリックせずに↓で選択すると、実際のフォントの変化を確認しながら選択できる
Ⓑサイズ	フォントのサイズを変更することができる。ドロップダウンから任意のサイズを指定できるほか、直接数値を入力して指定することも可能（単位はポイント）
Ⓒ太字・斜体・下線・取り消し線	ボールド(太字)・イタリック(斜体)・アンダーライン(下線)・取り消し線など文字のスタイルを変更できる
Ⓓ蛍光ペンの色	任意の色のマーカーを引くことができる
Ⓔフォントの色	文字の色を変更できる

□ ミニツールバーによる文字装飾

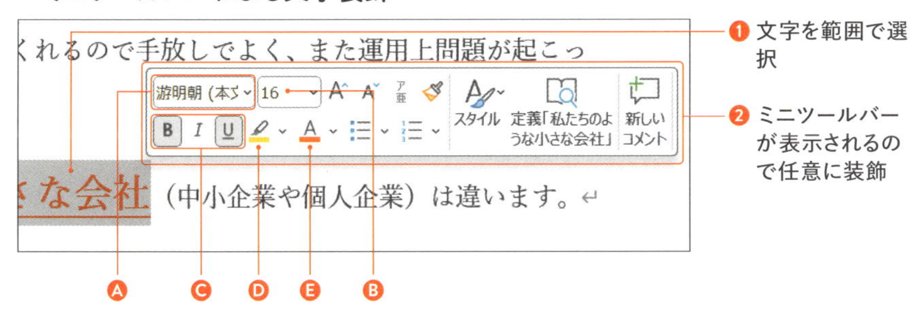

memo：文字選択はマウスのドラッグのほか、Shift＋→も便利です。なお、ミニツールバーが表示されるのはマウスドラッグ時だけになります。

column　ビジネスで利用してはいけない文字効果

影や光彩などの文字効果やワードアートの使用は、ビジネス文書には推奨されません。これらの装飾は可読性を低下させ、真面目ではない印象を与える可能性があります。

また、紙に印刷した場合はプリンターの再現性に影響を受け、特にカラープリンターを利用しない場合は、全体的にチープな印象を与えることが多いです。

町内会の会報誌や同窓会のお誘いなどの場面で使用されることがある一方、ビジネスシーンではやはり過度な文字効果は避けるべきです。

橋本情報戦略企画

文字装飾のコピー

文中で強調するポイントも統一感が必要です。フォントの書体変更・サイズ変更・マーカーなどの強調を行った場合は、他の強調すべきポイントも同じ文字装飾を行うべきですが、そんな時に便利なのが［書式のコピー／貼り付け］です。

しかし、私たちのような小さな会社（中小企

本来の自分の担当業務進行はそのまま、ネットワークの構築

ートなどを並行して作業しなければならないという方も多い

文字装飾済みの文字列を選択する

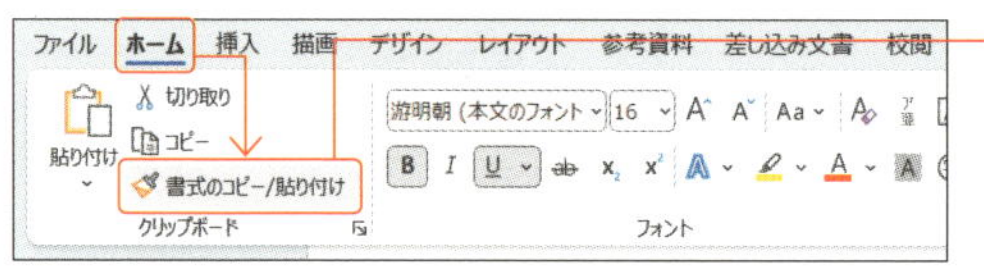

❶［ホーム］タブの［書式のコピー／貼り付け］をクリック

しかし、私たちのような小さな会社（中小企業
本来の自分の担当業務進行はそのまま、ネットワークの構築・
ートなどを並行して作業しなければならないという方も多いでし

❷ 同じ文字装飾にしたい文字列を選択

しかし、私たちのような小さな会社（中小企業
本来の自分の担当業務進行はそのまま、ネットワークの構築・
ートなどを並行して作業しなければならない

❸ 同じ文字装飾が適用される

memo：「書式のコピー／貼り付け」はショートカットキー操作が便利ですが、Officeのバージョンによってショートカットキーの割り当てが異なります。装飾済みの文字列を選択して Ctrl + Shift + C（バージョンによっては Ctrl + Alt + C）を入力した後に、装飾したい文字列を選択して Ctrl + Shift + V（バージョンによっては Ctrl + Alt + V）を入力します。

文字装飾後のクリア

いろいろ文中の文字をいじってみたものの、やはりごちゃごちゃして見にくく、装飾を外したい（文字装飾をクリアしたい）場合は、対象文字列を選択して、［ホーム］タブの［フォント］グループにある［すべての書式をクリア］をクリックします。なお、マーカーなどの一部の書式はクリアされません。

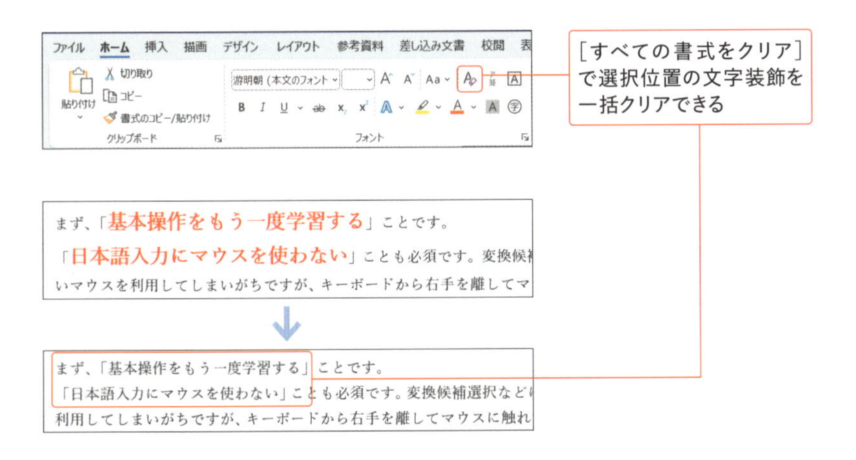

プロポーショナルフォントと読みやすさ

フォントを選択する際には、プロポーショナルか等幅かに注意することが重要です。例えば、「MS明朝」と「MS P明朝」の見た目は同じですが、文字の幅が異なります。前者は固定ピッチ（各文字が同じ幅）であり、後者は文字ごとに異なる幅を持つプロポーショナルフォントです。

この違いは、Wordで文章を作成した際に1ページに収まる文字数に大きく影響します。

なお、和文フォントでは、プロポーショナルフォントかどうかはフォント名に「P」や「S」が付くことで区別されます。

プロポーショナルフォントを採用するか否かは、状況によって異なりますが、一般的に読みやすさやバランスを重視する場合はプロポーショナルフォントが好まれ、文字や数値データの位置を揃えたい場合は固定ピッチの等幅フォントを採用します。

MS明朝　あいうえお　ABCDE

つまり、小さな会社は「シンプルでわかりやすいネットワーク環境&サーバー」を構築すべきで、■この点を重視した形で、●本書は「Windows でファイルサーバーを構築する」「ルーターをセキュアに設定する」「無線 LAN 環境を構築する」などを解説しています。◆

MS P明朝　あいうえお　ABCDE

つまり、小さな会社は「シンプルでわかりやすいネットワーク環境&サーバー」を構築すべきで、■この点を重視した形で、●本書は「Windows でファイルサーバーを構築する」「ルーターをセキュアに設定する」「無線 LAN 環境を構築する」などを解説しています。◆

随所で活用したい Wordの文字編集機能

他のアプリの文章をコピー&ペースト

他のアプリ上にある文章をコピーしてWordに活用する際は、そのままペーストしてしまうと余計な情報まで引き継がれてしまうことがあります。

このよう場合は［貼り付けのオプション］の［元の書式を保持］［書式を統合］［テキストのみ保持］の違いを把握して、場面によって使い分けると解決できます。

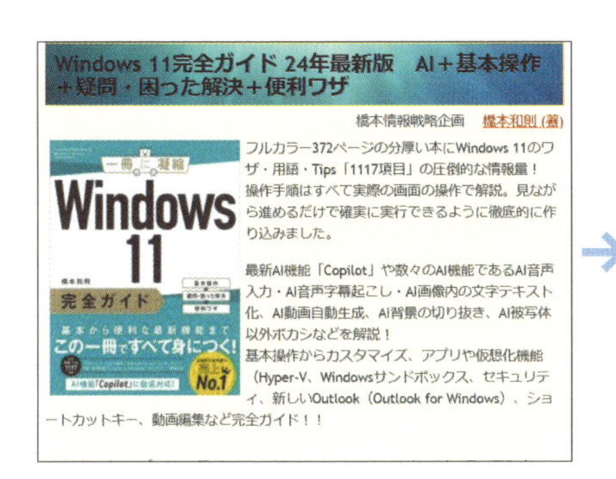

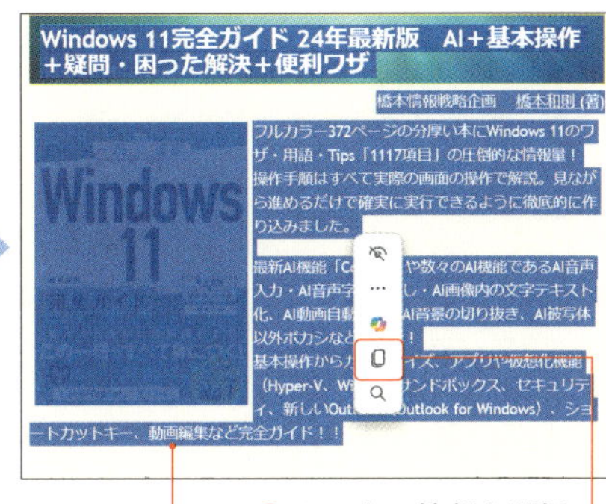

❶ Web上の情報を選択

❷ Ctrl＋Cを入力

あるいはミニメニューから［コピー］

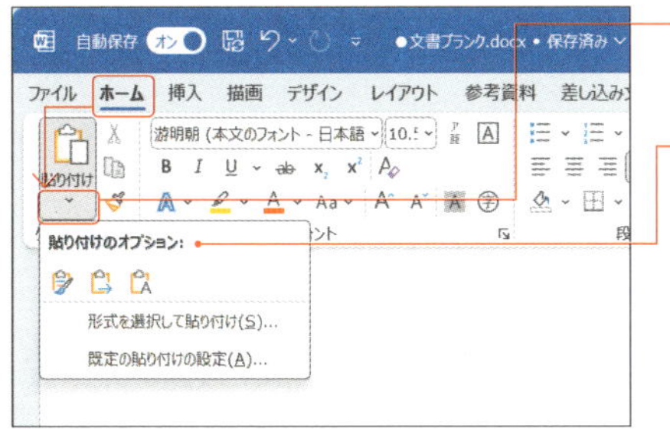

❸［ホーム］タブの［貼り付け］下部にある［∨］をクリック

❹［貼り付けのオプション］が表示される

右クリックからのショートカットメニューで選択してもよい

□ 元の書式を保持

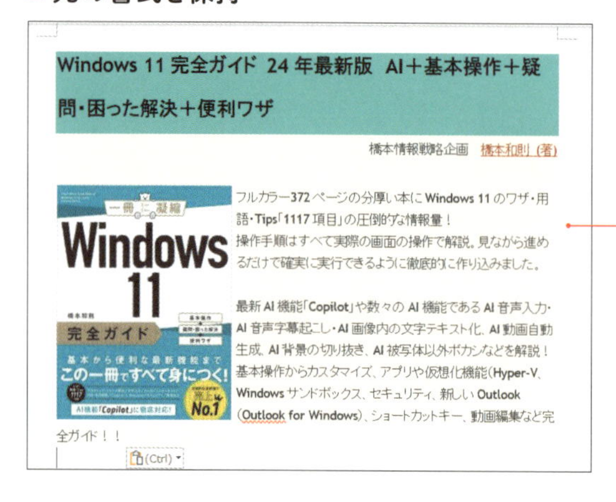

Windows 11 完全ガイド 24 年最新版 AI＋基本操作＋疑問･困った解決＋便利ワザ

橋本情報戦略企画 橋本和則 (著)

フルカラー372 ページの分厚い本に Windows 11 のワザ･用語･Tips｢1117 項目｣の圧倒的な情報量！
操作手順はすべて実際の画面の操作で解説。見ながら進めるだけで確実に実行できるように徹底的に作り込みました。

最新 AI 機能｢Copilot｣や数々の AI 機能である AI 音声入力･AI 音声字幕起こし･AI 画像内の文字テキスト化、AI 動画自動生成、AI 背景の切り抜き、AI 被写体以外ボカシなどを解説！
基本操作からカスタマイズ、アプリや仮想化機能(Hyper-V、Windows サンドボックス、セキュリティ、新しい Outlook (Outlook for Windows)、ショートカットキー、動画編集など完全ガイド！！

貼り付けのオプション

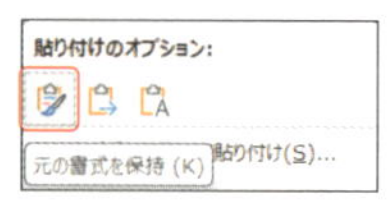

コピー元の書式や画像などを保持して貼り付ける

□ 書式を統合

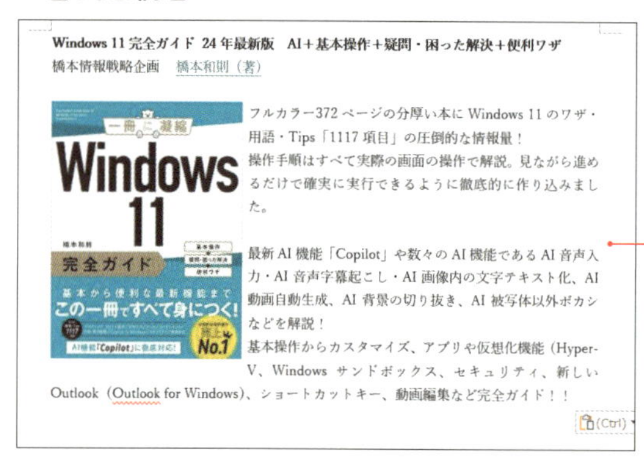

Windows 11 完全ガイド 24 年最新版 AI＋基本操作＋疑問・困った解決＋便利ワザ

橋本情報戦略企画 橋本和則（著）

フルカラー372 ページの分厚い本に Windows 11 のワザ・用語・Tips「1117 項目」の圧倒的な情報量！
操作手順はすべて実際の画面の操作で解説。見ながら進めるだけで確実に実行できるように徹底的に作り込みました。

最新 AI 機能「Copilot」や数々の AI 機能である AI 音声入力・AI 音声字幕起こし・AI 画像内の文字テキスト化、AI 動画自動生成、AI 背景の切り抜き、AI 被写体以外ボカシなどを解説！
基本操作からカスタマイズ、アプリや仮想化機能（Hyper-V、Windows サンドボックス、セキュリティ、新しい Outlook（Outlook for Windows）、ショートカットキー、動画編集など完全ガイド！！

貼り付けのオプション

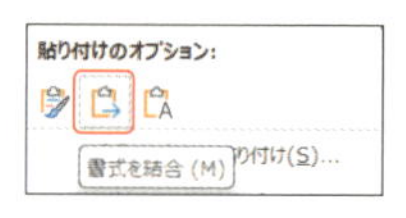

Word文書側の書式と統合して貼り付ける

□ テキストのみ保持

Windows 11 完全ガイド 24 年最新版 AI＋基本操作＋疑問・困った解決＋便利ワザ
橋本情報戦略企画 橋本和則（著）

Windows 11 完全ガイド 基本操作＋疑問・困った解決＋便利ワザ（一冊に凝縮）フルカラー372 ページの分厚い本に Windows 11 のワザ・用語・Tips「1117 項目」の圧倒的な情報量！
操作手順はすべて実際の画面の操作で解説。見ながら進めるだけで確実に実行できるように徹底的に作り込みました。

最新 AI 機能「Copilot」や数々の AI 機能である AI 音声入力・AI 音声字幕起こし・AI 画像内の文字テキスト化、AI 動画自動生成、AI 背景の切り抜き、AI 被写体以外ボカシなどを解説！
基本操作からカスタマイズ、アプリや仮想化機能（Hyper-V、Windows サンドボックス、セキュリティ、新しい Outlook（Outlook for Windows）、ショートカットキー、動画編集など完全ガイド！！

(Ctrl)

貼り付けのオプション

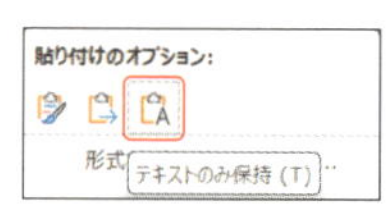

画像等の装飾が一切なくなり、文字列のみ（プレーンテキスト）が貼り付けられる

英文の和訳や日本語の英訳

英文などの外国語の文章を和訳したい場合は、Webの翻訳サイトやCopilotを利用する方法もありますが、Wordで翻訳したほうが視認性も高く便利です。

もちろん、日本語の文章を外国語に翻訳することもできます。

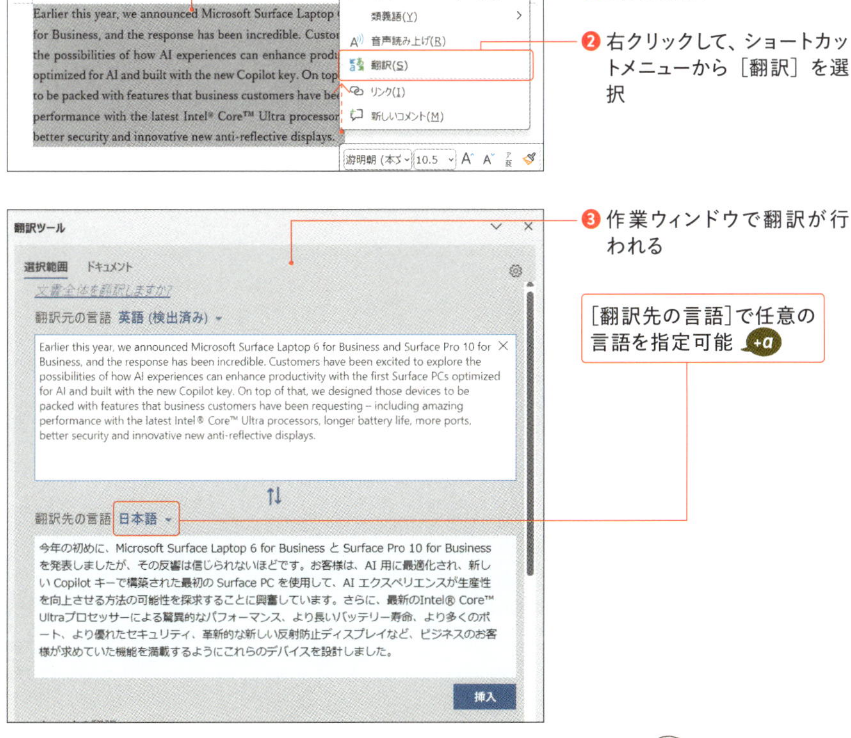

memo：日本語から外国語への翻訳文をビジネスで利用する場合は、翻訳した文章を別のツールで日本語訳（Web翻訳ツールやCopilotを利用）するとファクトチェックになります。

文字カウントして単語数や文字数を確認

　仕事において文章の文字数を指定されることがありますが、文書全体の文字数をカウントしたい際に便利なのが、[文字カウント] ダイアログです。ページ数・文字数・段落数などを知ることができます。

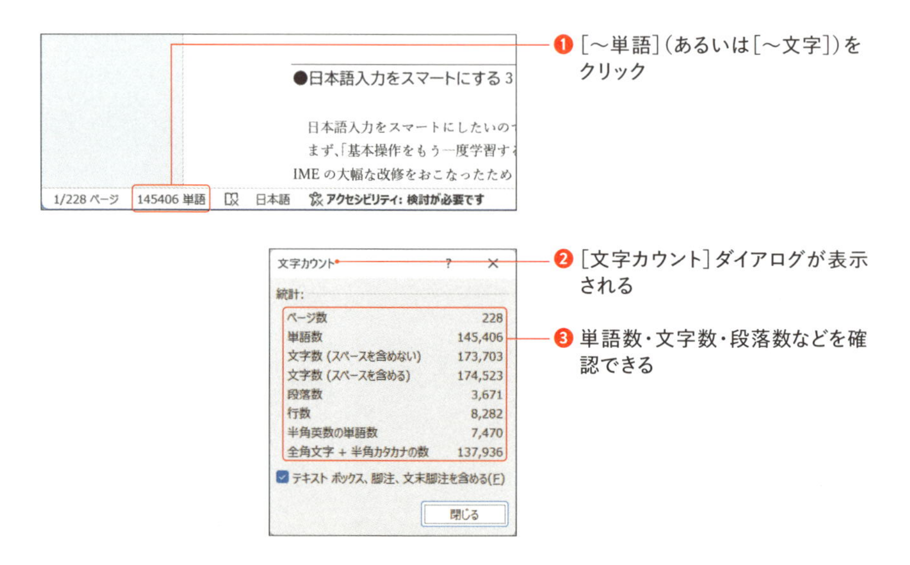

memo：**あらかじめ範囲選択してから上記操作をすれば、範囲選択内の文字カウントを知ることができます。**

見出し行やセルに入りきらない文字列への対処

　文字列として文字数が多いものの、どうしても1行に収めたい見出しや表のセル内からあふれてしまう文字を範囲内に収めたい場合、フォントサイズを小さくしてしまうと「他所とフォントサイズが違う」という問題が起こります。

　こんな時に活用できるのが文字を「長体」にしてしまうという対処です。

　長体とは、印刷用語で字の高さを変えずに横幅だけを縮めて細長くする手法を指します。これにより、スペースを節約しながら多くの文字を収めることができます。

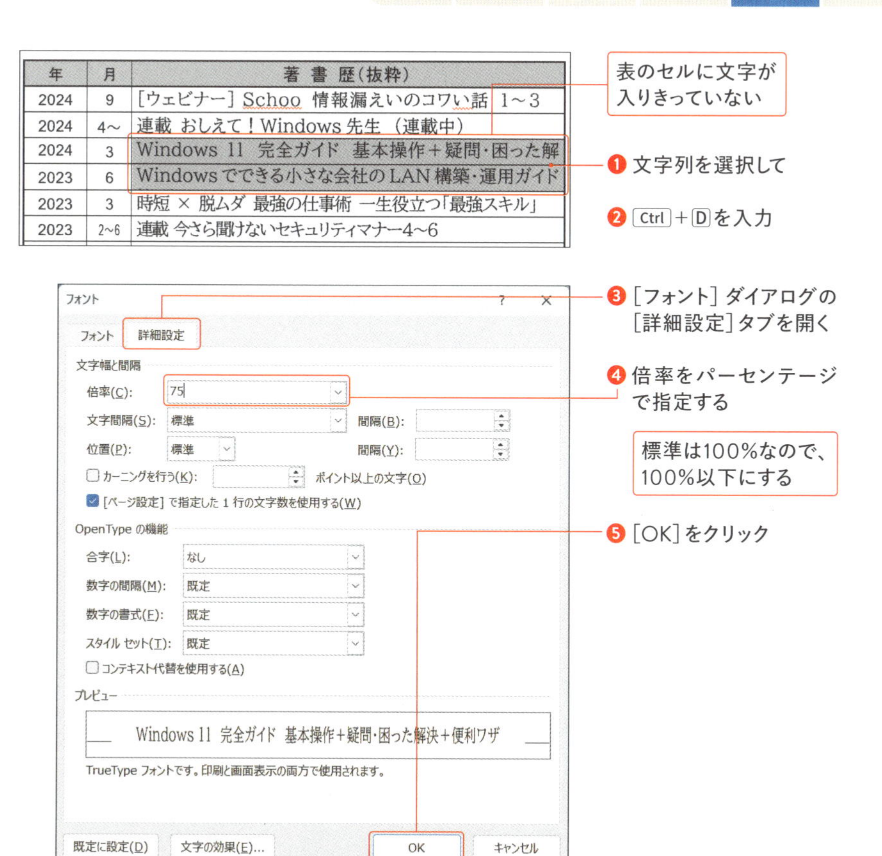

年	月	著 書 歴(抜粋)
2024	9	[ウェビナー] Schoo 情報漏えいのコワい話 1～3
2024	4～	連載 おしえて！Windows 先生 (連載中)
2024	3	Windows 11 完全ガイド 基本操作＋疑問・困った解
2023	6	Windows でできる小さな会社の LAN 構築・運用ガイド
2023	3	時短 × 脱ムダ 最強の仕事術 一生役立つ「最強スキル」
2023	2～6	連載 今さら聞けないセキュリティマナー4～6

年	月	著 書 歴(抜粋)
2024	9	[ウェビナー] Schoo 情報漏えいのコワい話 1～3
2024	4～	連載 おしえて！Windows 先生 (連載中)
2024	3	Windows 11 完全ガイド 基本操作＋疑問・困った解決＋便利ワザ
2023	6	Windows でできる小さな会社の LAN 構築・運用ガイド 第4版
2023	3	時短 × 脱ムダ 最強の仕事術 一生役立つ「最強スキル」
2023	2～6	連載 今さら聞けないセキュリティマナー4～6

❻ 文字の横幅を縮めて収めることができる

04 映える書類を作るための画像やオブジェクトの挿入

ビジュアル化が説得力に違いを生む

視覚的要素は情報の理解を深めます。ビジネス文書に画像（写真やイメージ図など）やオブジェクト（Excelで作成した表やPowerPointで作成した図版）を挿入することで、複雑なデータや概念を直感的に伝えることが可能です。

また、画像は文書を引き立て、読みやすさを向上させます。**文字で長々と説明するよりも、画像を挿入する方が伝わる場面もあるため積極的に利用しましょう**。

文中に画像を挿入する

Wordの文中に画像を挿入する方法は主に二つあります。一つはリボン操作から画像ファイルを指定する方法で、もう一つはあらかじめ画像表示アプリや画像編集アプリで対象画像を開いておいてコピー＆ペーストする方法です。

memo：リボン操作からは［ストック画像］（ライセンスフリーの画像ライブラリ）や［オンライン画像］（検索した画像）を選択して挿入することもできます。

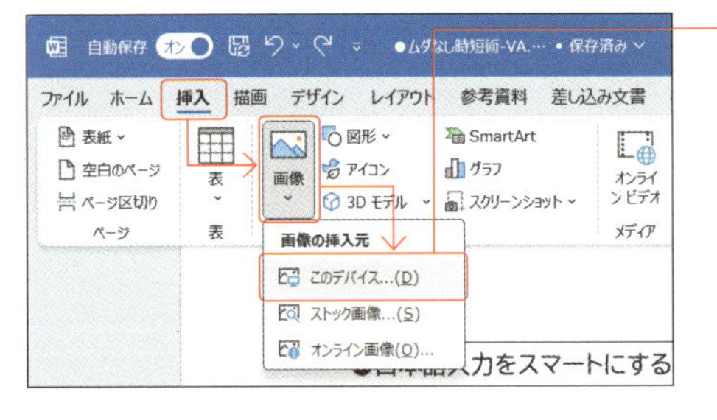

❶［挿入］タブから［画像］→［このデバイス］をクリック

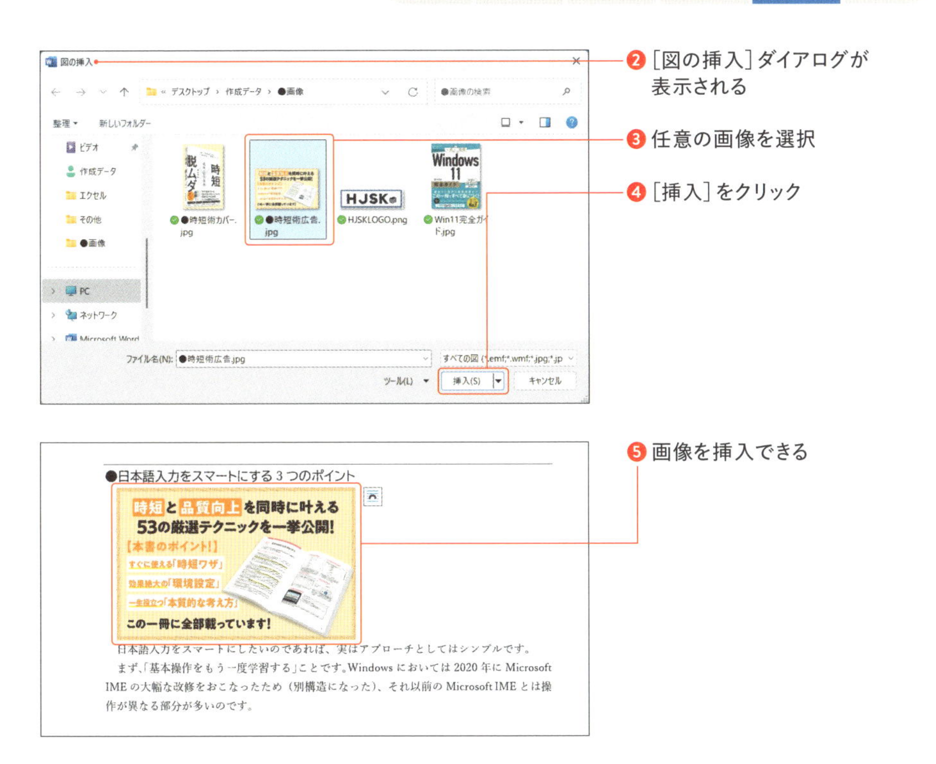

□ コピー&ペーストによる画像挿入

「フォト」であらかじめ挿入したい画像を表示する

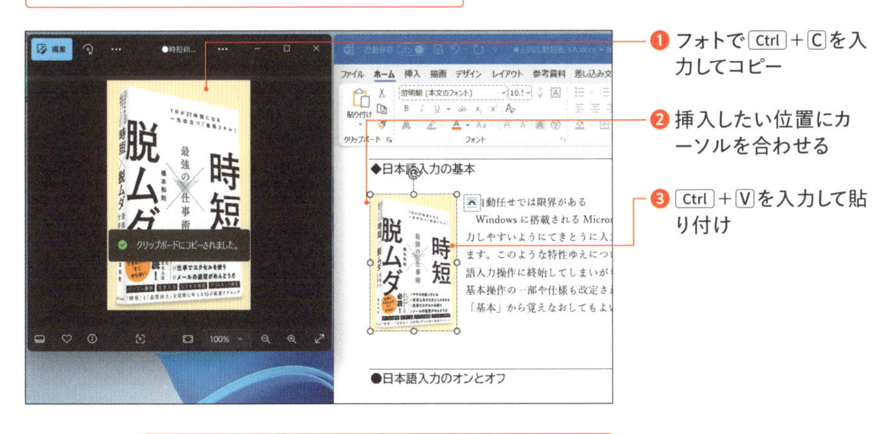

文字の折り返しの設定については、P.148 を参照

他のアプリのオブジェクトをWordに挿入する

Excelで作成した表やグラフ、PowerPointで作成した図などをWordに挿入することも可能です。

Wordだけで表や図を作成することも可能ですが、Excelでの表作成やPowerPointでの図作成に慣れている場合は、ExcelやPowerPointで作成した後にWordに貼り付けたほうが効率的です。

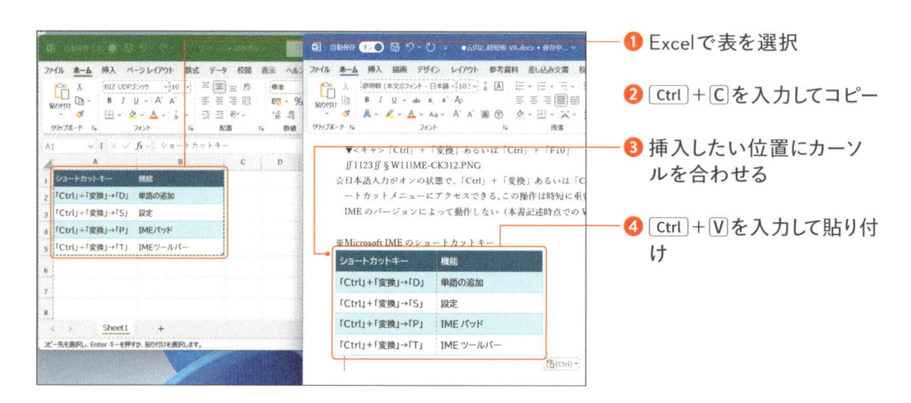

デスクトップを切り取って画像としてWordに挿入する

マニュアル作成や参考資料を見ながら作業している場面などでは、「今デスクトップ上に表示されている一部を切り取って、画像としてWordに貼り付けたい」という場面があります。そんな時に活用できるのが「Snipping Tool」によるスクリーンショット機能です。

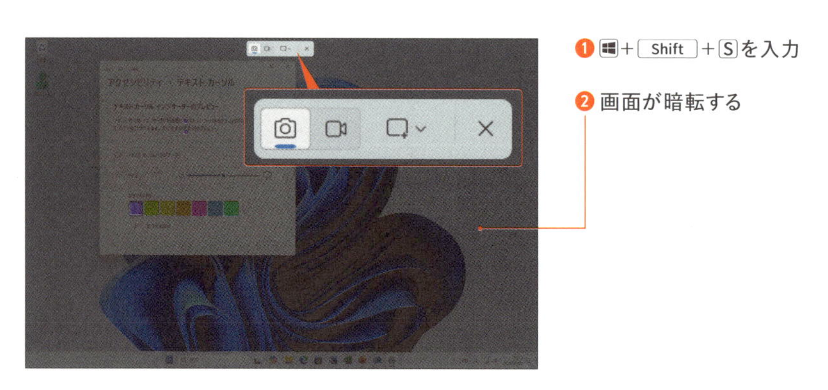

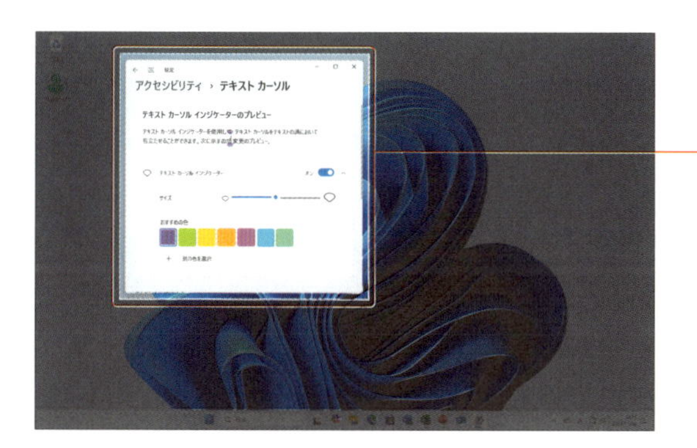

❸ マウスをドラッグしてキャプチャ領域を選択

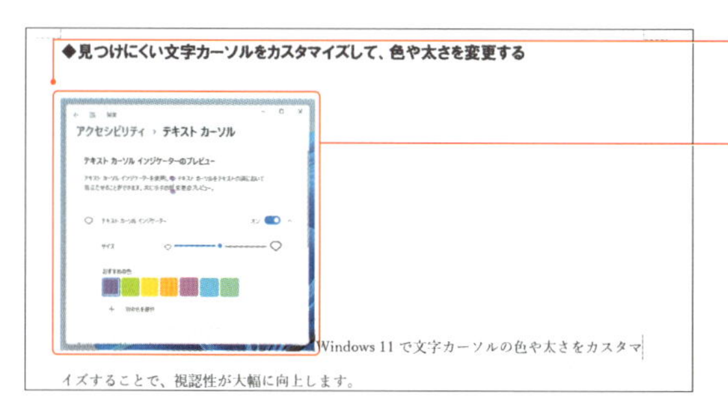

❹ Wordの挿入したい位置にカーソルを合わせる

❺ Ctrl＋Vを入力して貼り付け

column Snipping Toolをよく利用する場合のカスタマイズ

Snipping Toolによるスクリーンショット機能をよく利用する場合は、Windowsの［スタート］メニューから［設定］をクリックして、［アクセシビリティ］→［キーボード］を開いて、［PrintScreenキーを使用して画面キャプチャを開く］をオンにします。以後、Print Screenだけでキャプチャできます（PC環境によっては標準で該当設定適用済み）。

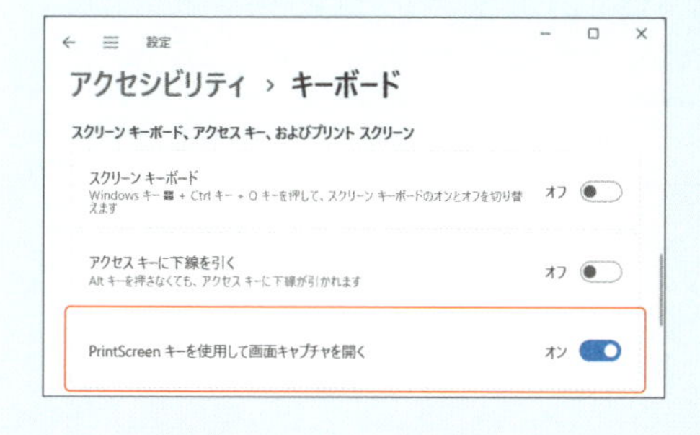

画像のサイズ変更と文字の折り返し

Wordに挿入した画像やオブジェクトは、画像の周囲に表示されるハンドルをドラッグすることで任意にサイズ変更できます。また画像周囲で文字列を折り返して表示したい場合は、画像をクリックした際に表示される［レイアウトオプション］で設定できます。

ハンドルのドラッグで画像を任意サイズに変更可能

❶［レイアウトオプション］をクリック

❷［文字の折り返し］から をクリック

◆見つけにくい文字カーソルをカスタマイズして、色や太さを変更する

Windows 11 で文字カーソルの色
マイズすることで、視認性が大幅
特に、長時間の作業で目が疲れや
とって、カーソルを見つけやすく
です。色を変更することで、背景
目立つようにでき、太さを調整す
い文字の中でもカーソルを見失
す。これにより、タイピングや編
ズに進み、作業効率が向上します。
好みに合わせてカスタマイズする
適な作業環境を実現できます。

①「設定」→「アクセシビリティ」→「テキストカーソル」をクリックしま

❸画像の周囲で文字が折り返すようになる

画像をドラッグすることで画像の位置や折り返し位置などを調整できる

画像のレイアウトを詳細に設定する

文中の画像レイアウトを詳細に設定したい場合は、画像を右クリックして、ショートカットメニューから［レイアウトの詳細設定］を選択します。［レイアウト］ダイアログの［位置］［文字列の折り返し］［サイズ］などを詳細に指定できます。

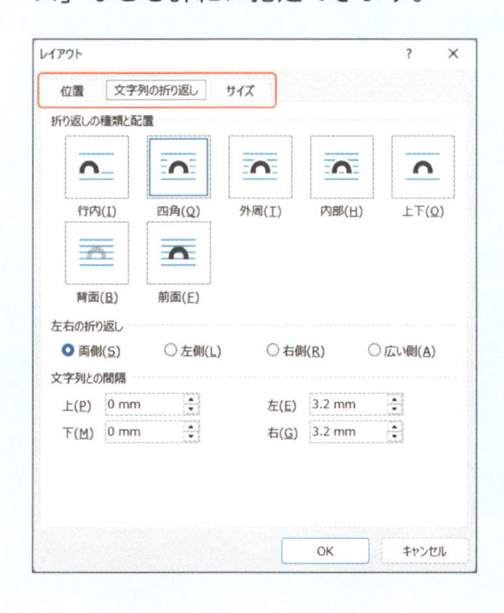

寸法が正確で美しい表で人と差をつける

きれいで正確な表を作れるWord

Excelは表計算を得意としますが、正確な寸法の表を作成するのは苦手です。

一方、**Wordの表はセルの横幅や高さをミリ単位で指定することができるため、寸法が正確な表を作成できるほか、網掛けの濃度なども指定可能です**。

セルに入りきらない長い文字列は長体（P.142参照）にしてうまく納めるなど、Wordならではのきれいで柔軟な対処が可能です。

表の挿入方法

Wordに表を挿入したい場合は、［挿入］タブから［表］をクリックして、任意の列数・行数を選択する方法があります。この手順でも構いませんし、またExcelで整えた表をコピーしてWordに貼り付けでもOKです。

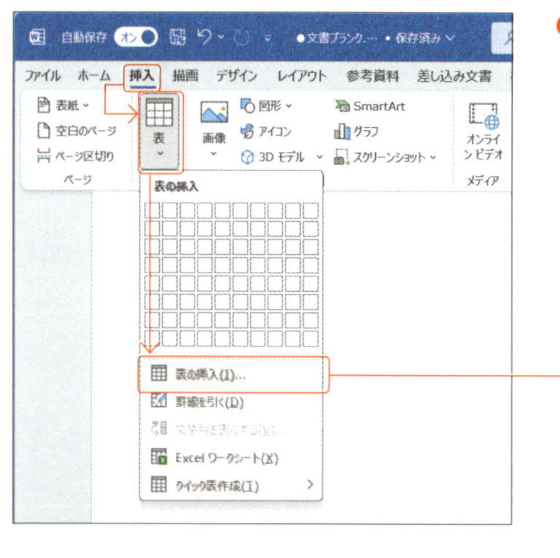

❶［挿入］タブから［表］→［表の挿入］をクリック

表のスタイル設定

表のスタイルは［テーブルデザイン］タブから設定できます。表のスタイルからデザインを任意に選択して適用することや、縞模様（1行ごと交互に背景色を変える）なども可能です。

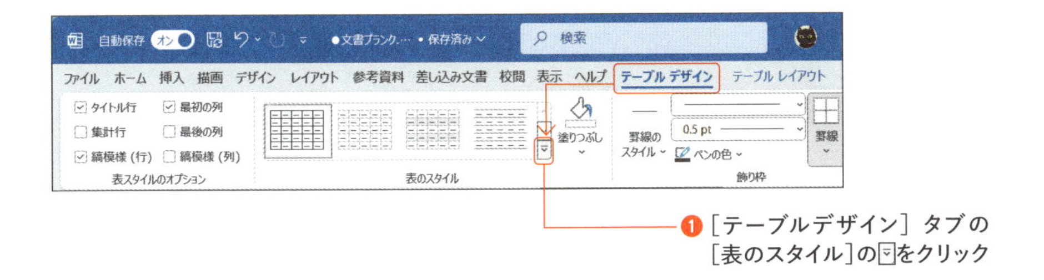

memo：ビジネス文書における表ではシンプルさを求められることが多く、また相手に提出する文章の場合は「白黒」になることも想定して（白黒レーザープリンターや印刷後にコピーして配布するなど）、過度にカラフルにすることは控えるようにします。

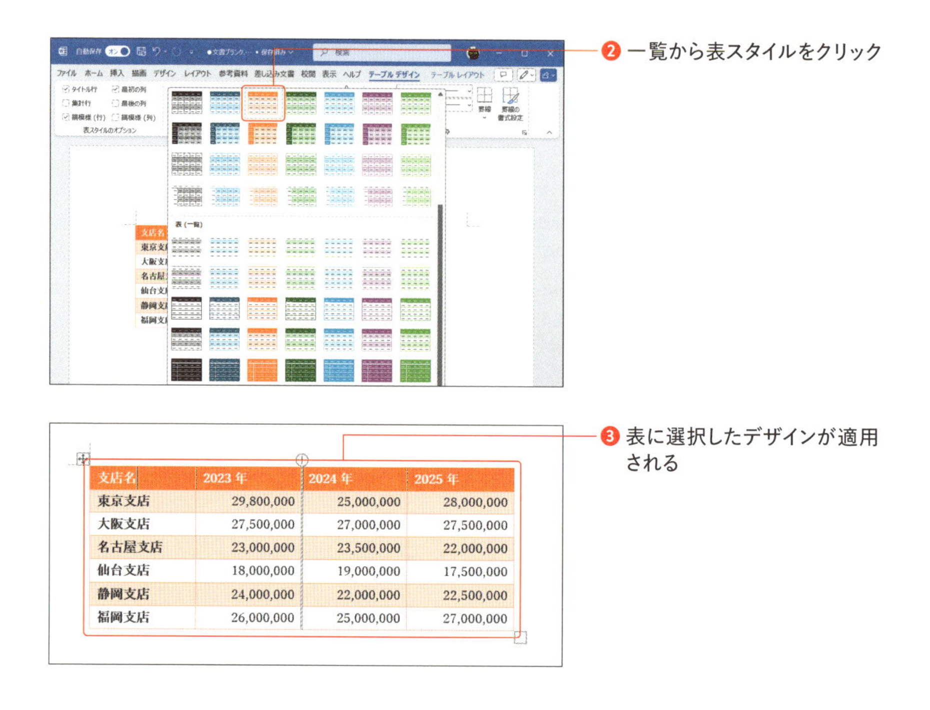

支店名	2023 年	2024 年	2025 年
東京支店	29,800,000	25,000,000	28,000,000
大阪支店	27,500,000	27,000,000	27,500,000
名古屋支店	23,000,000	23,500,000	22,000,000
仙台支店	18,000,000	19,000,000	17,500,000
静岡支店	24,000,000	22,000,000	22,500,000
福岡支店	26,000,000	25,000,000	27,000,000

行と列の追加と削除

表の行は、該当行の左端から少し左寄りをクリックすることで選択できます。また該当列は列の上端の少し上寄りをクリックすることで選択できます。

ここから右クリックすることで、「行の挿入／削除」や「列の挿入／削除」を行うことが可能です。

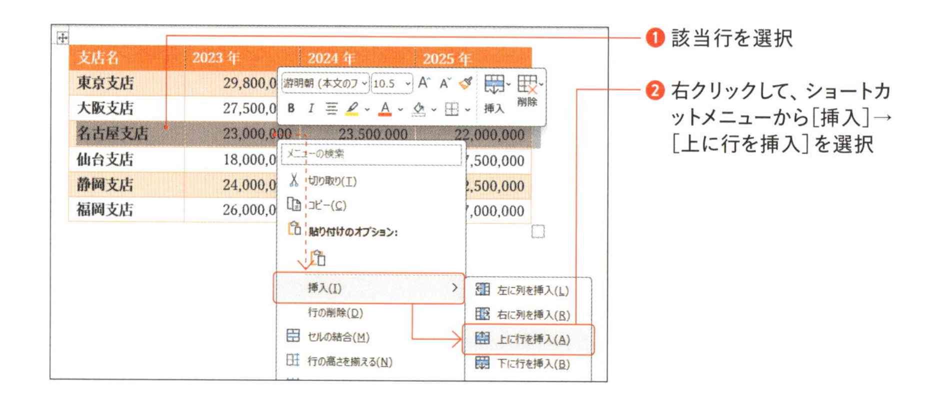

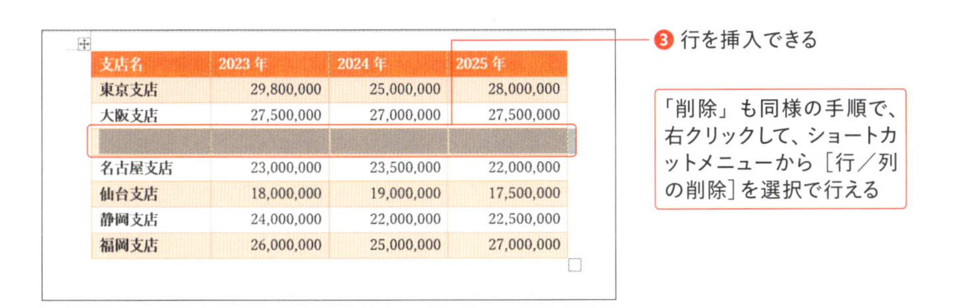

支店名	2023 年	2024 年	2025 年
東京支店	29,800,000	25,000,000	28,000,000
大阪支店	27,500,000	27,000,000	27,500,000
名古屋支店	23,000,000	23,500,000	22,000,000
仙台支店	18,000,000	19,000,000	17,500,000
静岡支店	24,000,000	22,000,000	22,500,000
福岡支店	26,000,000	25,000,000	27,000,000

表のプロパティの表示

表における行の高さ、列あるいはセルの幅、垂直方向の配置、罫線、網掛けなど、表の詳細は［表のプロパティ］ダイアログで設定します。

セルの寸法とセル内の縦位置

セルの寸法を指定したい場合は、該当セルにカーソルを置いた状態で［表のプロパティ］で設定します。［表のプロパティ］ダイアログでは、行の高さ、セルの幅、セル内の垂直方向の文字配置などを指定できます。

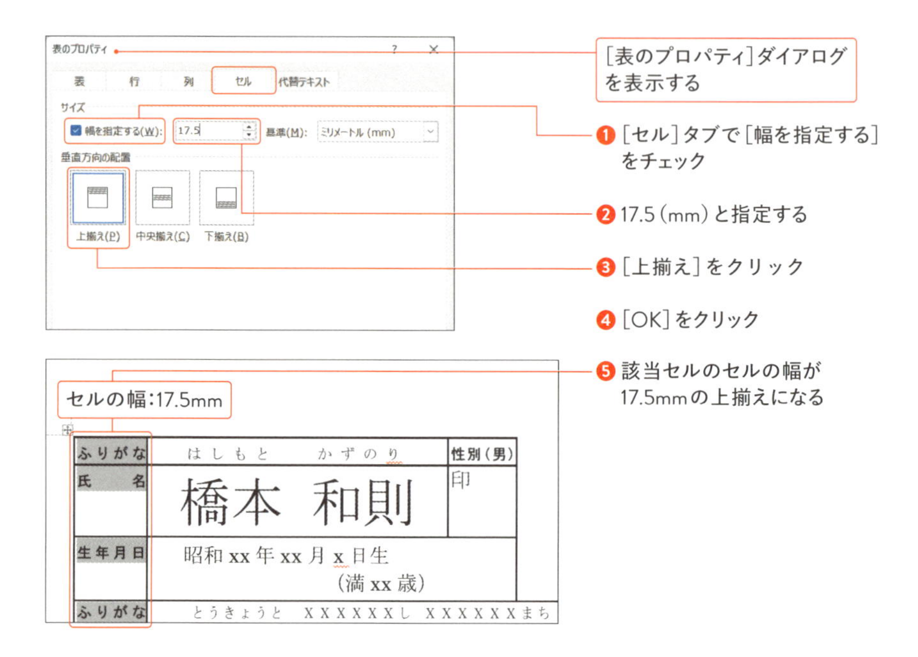

セルの網掛けと線種の設定

フォーマルな表は色をあまり使わないのが基本のため、白黒の表でメリハリを付けるには「罫線の種類」（線種）と「網掛け」を使い分けるのが一つの手です。セルの線種と網掛けを変更するには対象セルを選択したうえで、［表のプロパティ］の［罫線と網かけ］から設定を行うようにします。

memo：白黒の表においては、基本的に外枠線を太線、その他の線を細線にしたうえで、要所で点線を利用します。またセル内の文字が見えにくくならないように、網掛けは基本30％以下で設定することが推奨されます。

□［罫線と網かけ］の設定

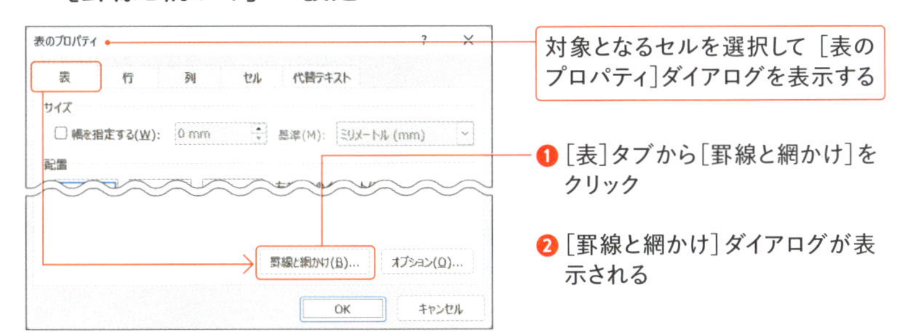

□ セルに網を掛ける

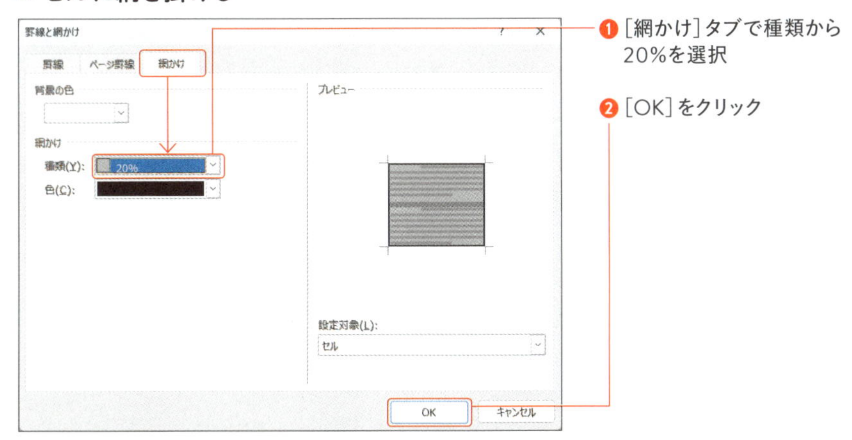

□ 罫線の変更

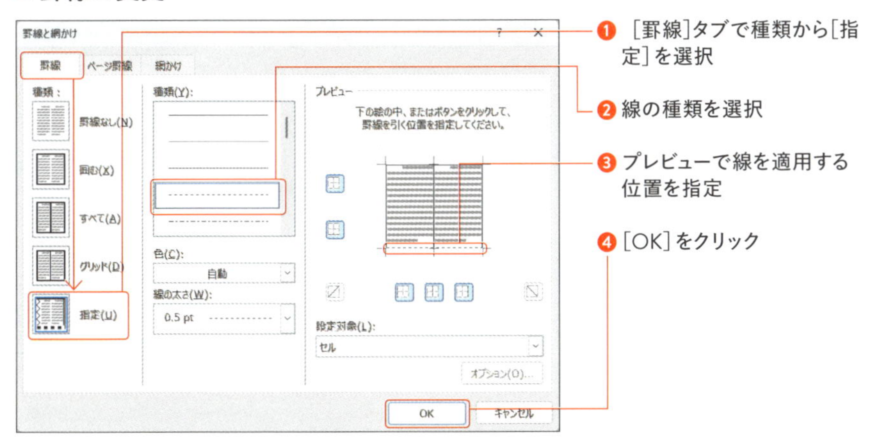

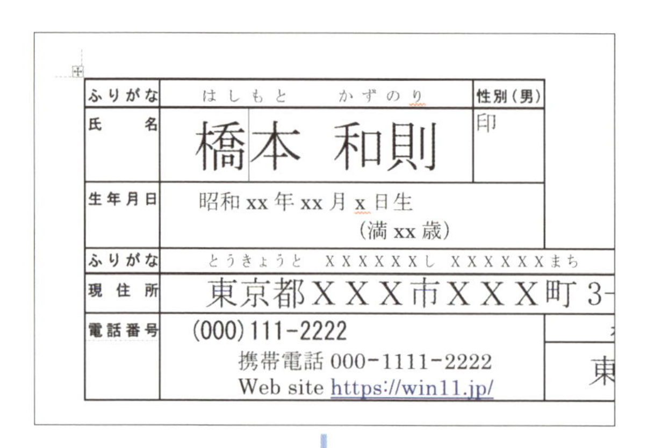

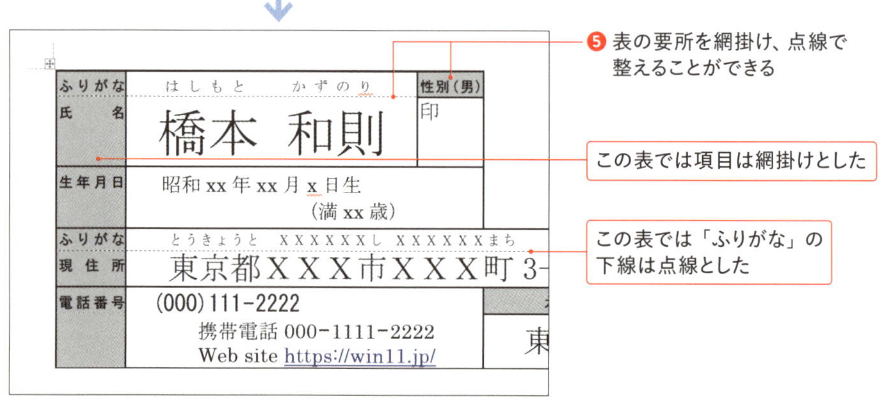

memo：白黒の表でも、網掛けや線種の使い分けにより、視覚的に落ち着いた印象を与えることができ、読みやすさが向上します。シンプルなデザインは、情報を明確に伝えやすくし、信頼感が生まれるきっかけとなります。

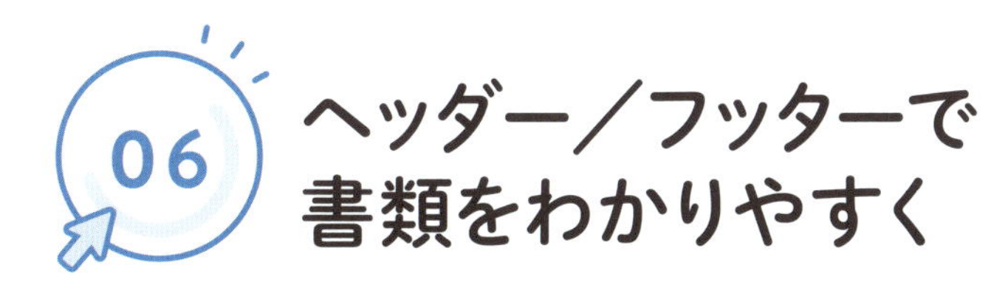

06 ヘッダー／フッターで書類をわかりやすく

ヘッダー／フッターの存在意義と役割

ヘッダー／フッターは、各ページの上部と下部に表示されるエリアのことで、ページ番号、文書タイトル、日付、作成者情報などを追加できます。

特にページ番号は、紙の印刷物でページ順序が乱れたり、ページが抜け落ちたりするリスクを防ぐために付加するのが基本です。さらに、ヘッダー／フッターに適切な情報を配置することで、文書の内容や作成日時が一目でわかり、信頼性が向上します。

memo：ヘッダー／フッターに含めるべき情報は、書類の種類や提出先となる相手によって異なりますが、一般的にはフッターにページ番号を配置したうえで、文書のタイトル・日付・会社名・作成者名を必要に応じてヘッダー／フッターに配置します。

フッターの設定

フッター（本文の下にあるページ下部の余白領域）に挿入する任意の情報を編集したい場合は、用紙の下部をダブルクリックするほか、［挿入］タブの［ヘッダー］［フッター］でも編集することができます。

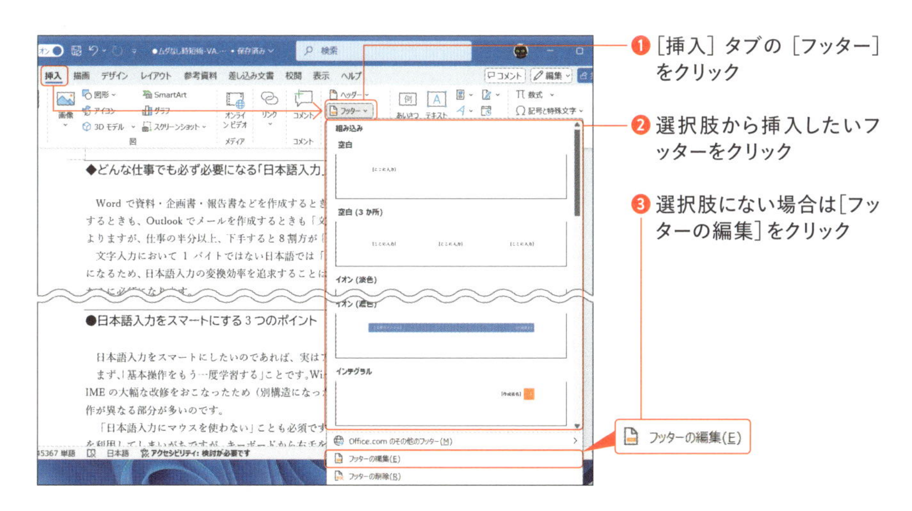

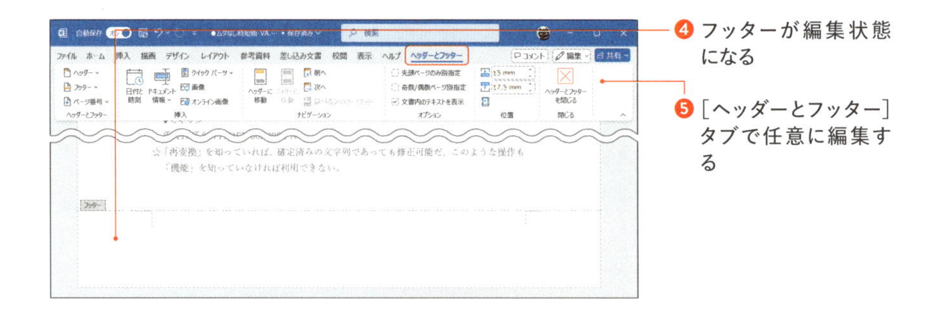

ページ番号の挿入

フッターにページ番号を挿入したい場合は、挿入したいフッター位置にカーソルを置いて、［ヘッダーとフッター］タブから［ページ番号］をクリックします。例えば、用紙の中央に「～」が前後にあるページ番号を挿入したければ、［ページの下部］→［チルダ］をクリックします。

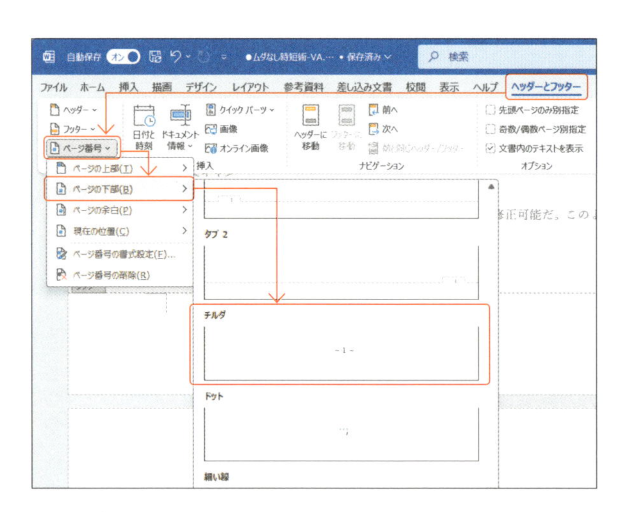

日付と時刻の挿入

ヘッダー／フッターに日付と時刻を挿入したい場合は、挿入したいヘッダー／フッター位置にカーソルを置いて、［ヘッダーとフッター］タブの［日付と時刻］をクリックします。［日付と時刻］ダイアログで表示形式を選択して、［OK］をクリックすれば日付を挿入できます。

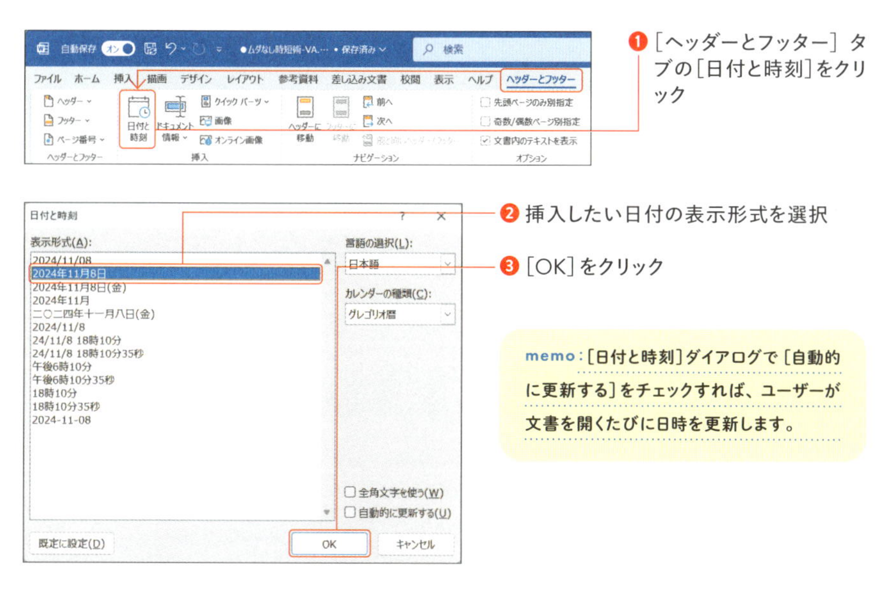

memo：［日付と時刻］ダイアログで［自動的に更新する］をチェックすれば、ユーザーが文書を開くたびに日時を更新します。

文字列や会社ロゴなどの挿入

ヘッダー／フッターには任意の文字列や画像を挿入することもできます。書類の種類に応じて会社名や部署名を挿入、あるいは自社のロゴ画像などを配置することもできます。

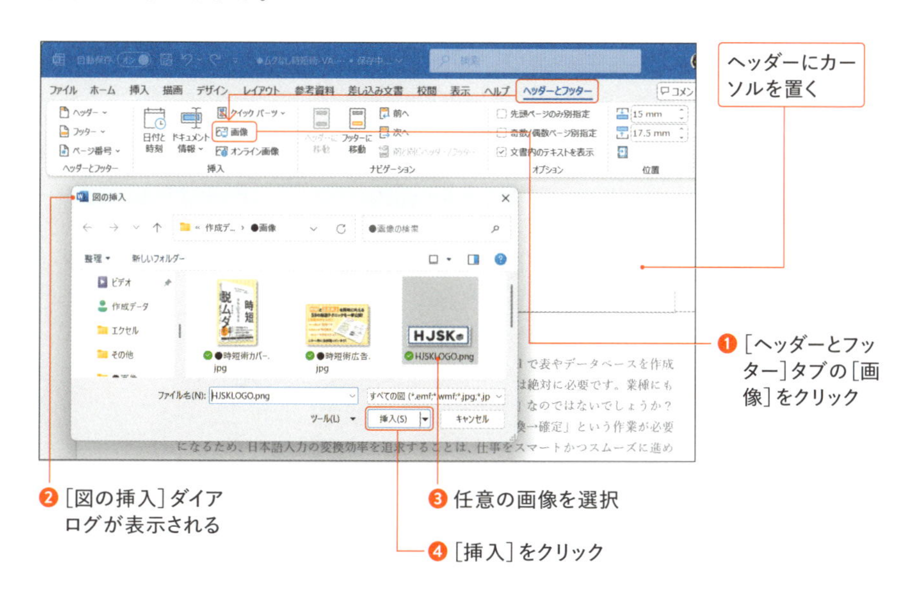

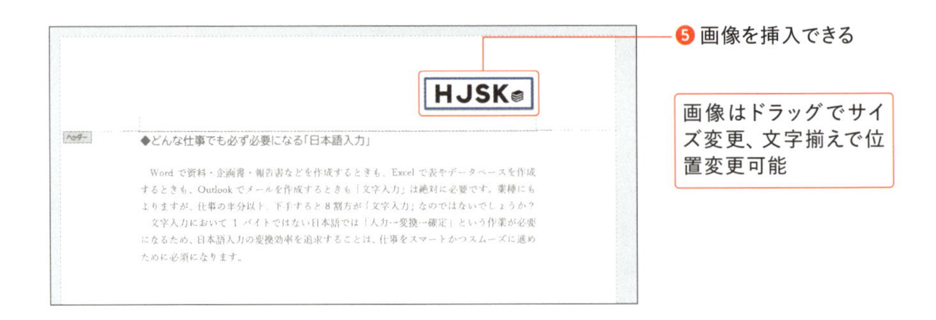

先頭ページのみヘッダー／フッターを入れない

ヘッダー／フッターに挿入した情報（任意の文字列やページ番号など）は、すべてのページに表示されるのが特徴です。

しかし、Wordの1ページ目を「表紙」（タイトルページ）にしているなどで、1ページ目のみヘッダー／フッターには表示したくないという場合は、[ヘッダーとフッター] タブの [先頭ページのみ別指定] をチェックします。

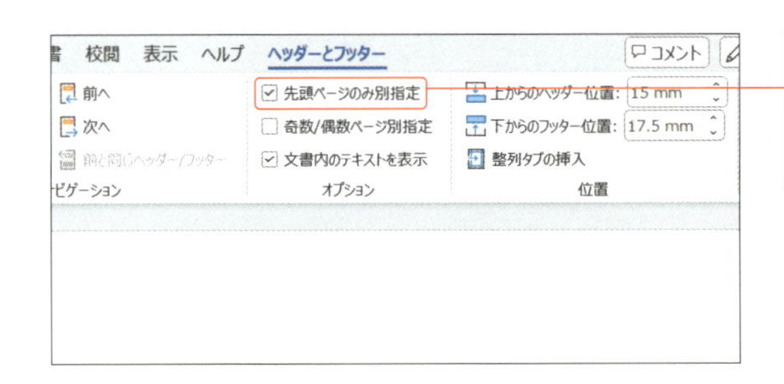

この設定で先頭ページのみを別の設定（ページ番号やロゴを表示しないなど）に設定できる

memo：[先頭ページのみ別指定] をチェックした場合、その他のページに付加する情報は2ページ目以降のヘッダー／フッターで編集します。

ちょっとしたミスをなくす 文章校正

文章校正の重要性

ビジネス文書において誤字や脱字があると、思わぬ誤解を招いてしまう可能性があります。また、二重否定やくだけた表現も避けるべきです。このような文章のミスを修正し、表現を適切に推敲するのが「文章校正」です。

適切な校正を行うことで、文書全体の品質が向上し、明確で信頼性の高い情報を提供することができます。

memo：文章校正を実行すれば、文中のミスを少なくできるというメリットのほか、「自分が提出する文書に自信が持てる」という効果もあるので積極的に活用します。

表記の揺れをチェックして統一する

「ユーザ／ユーザー」「ウインドウ／ウィンドウ」「オン・ライン／オンライン」などは同じ単語で同じ意味ですが、表記の揺れは好ましくありません。このような表記の揺れは［表記ゆれチェック］で統一することができます。

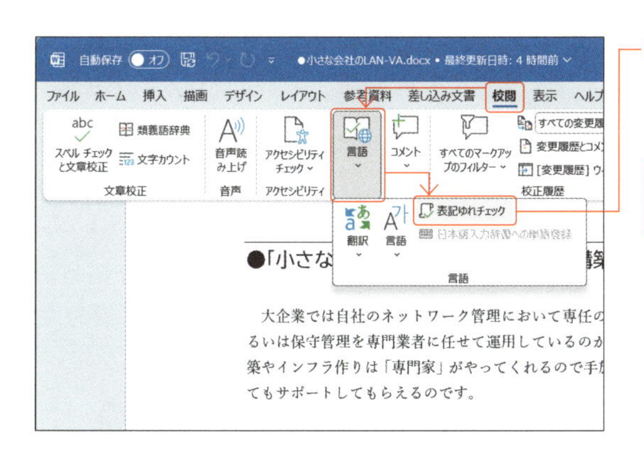

❶［校閲］タブから［言語］グループにある［表記ゆれチェック］をクリック

ウィンドウの横幅によってアクセス方法は異なる

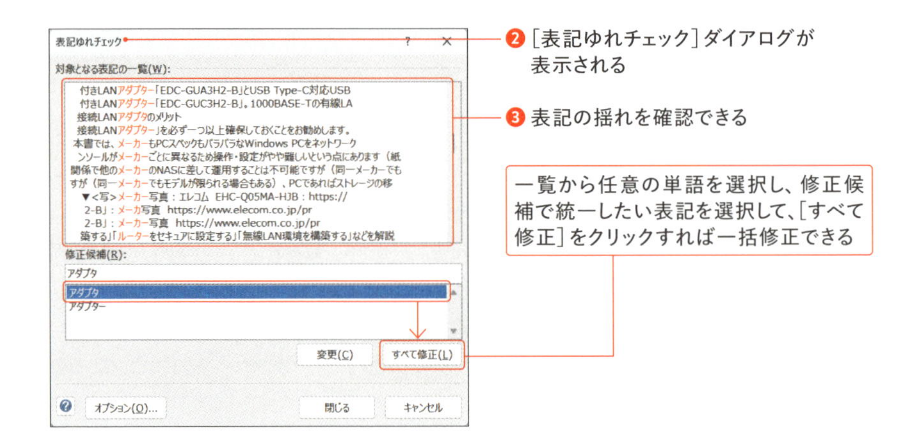

文章を校正して間違いのない書類にする

文章全体を校正したい場合は、［スペルチェックと文章校正］から実行できます。標準設定では「誤り表現」「仮名遣いの誤り」「くだけた表現」「助詞の連続」「送り仮名の誤り」などをチェックすることができます。

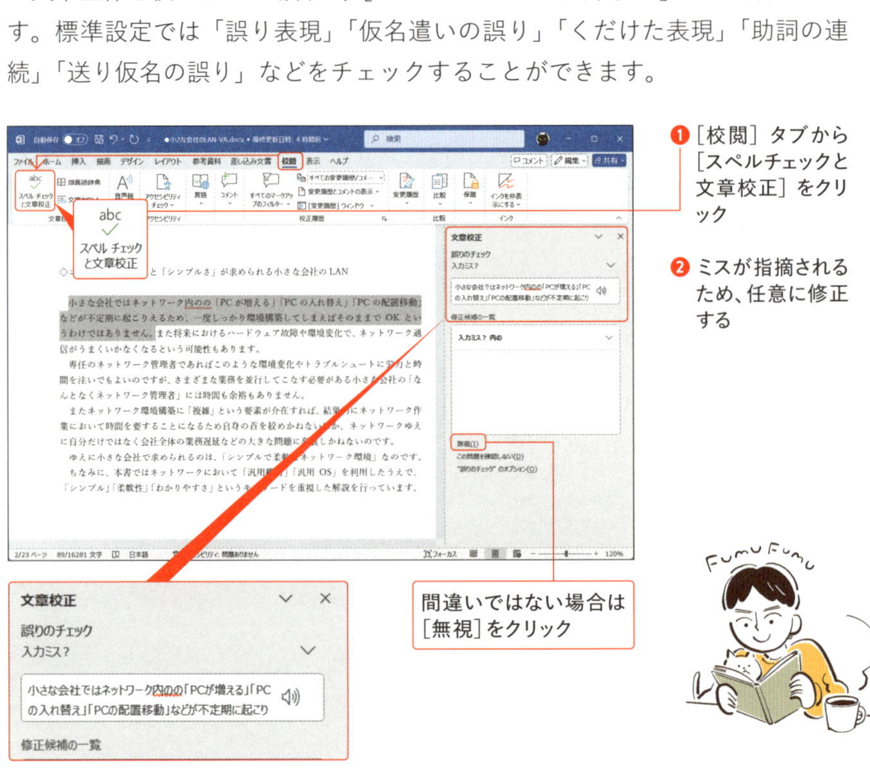

column 業界固有の名詞や表現の対処

　Wordの文章校正はあくまでも機械的な校正であるため（AIのように情報送信しての処理ではなく、あくまでもアプリ内での処理）、辞書に登録されていない単語は、仮に正しいものでもチェック対象になります。

　ビジネス文書において文章校正をよく利用する場合は、業界特有の用語などは［辞書に追加］をクリックして、辞書に登録してしまうとよいでしょう。

文章校正をカスタマイズする

　Wordの文章校正の標準設定は、さまざまな文章の種類を考えてやや緩やかな校正を行います。より厳密に文章校正を行いたい場合は、カスタマイズして「あいまいな表現」「二重否定」「[が、]の多用」や、「表現の揺れ」における「送り仮名」「全角／半角」などもチェックするとよいでしょう。

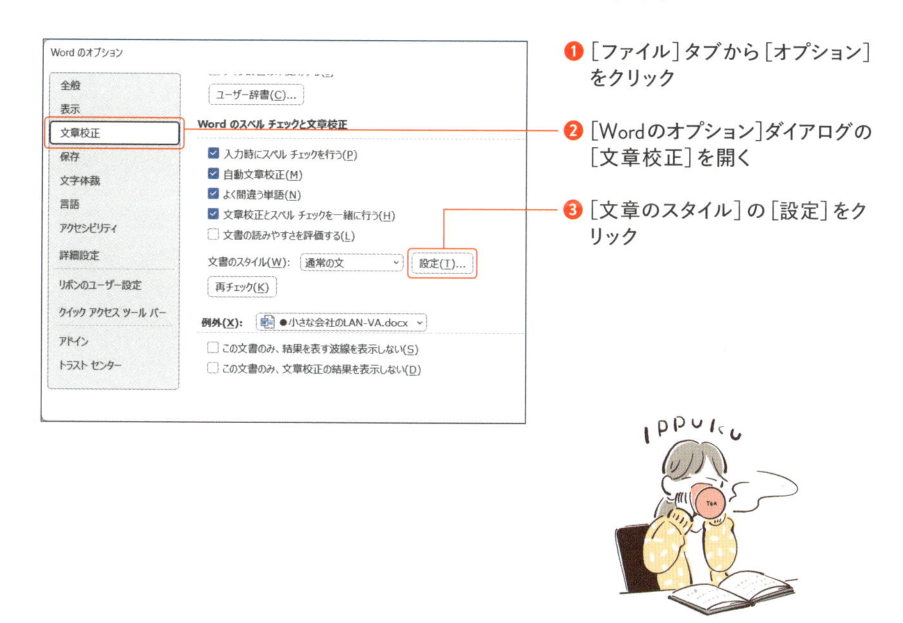

❶［ファイル］タブから［オプション］をクリック

❷［Wordのオプション］ダイアログの［文章校正］を開く

❸［文章のスタイル］の［設定］をクリック

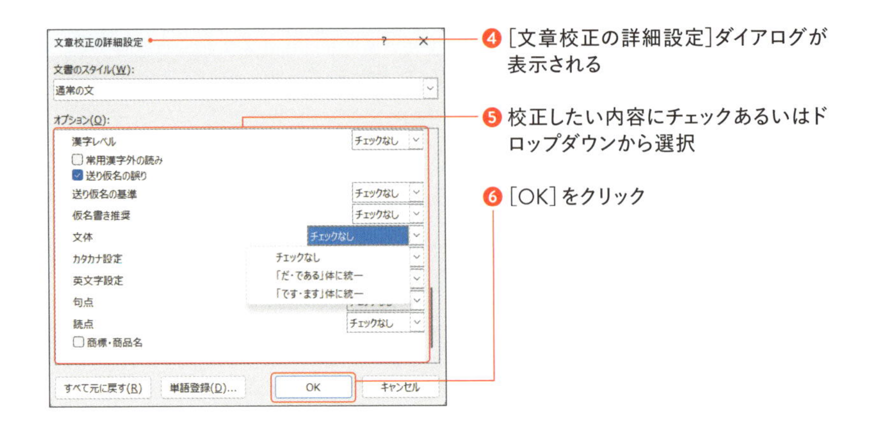

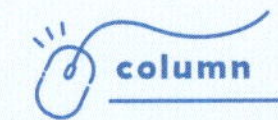

AIで文章を読みやすくする

Wordの文章校正では表現や送り仮名のミス、文体統一や表現の揺れのチェックなどに活用できますが、自分で書いた文章にいまいち自信が持てない場合などはCopilotを利用するとよいでしょう。
「以下の文章を読みやすく魅力的な文章に校正してください。」などと指示した後に、自分の文章を貼り付ければ、指示通り読みやすく魅力的な文章に書き換えてもらえます。

以下の文章を読みやすく魅力的な文章に校正してください。

デスクトップには余計なアイコンを置かずに、必要最低限のアイテムのみ配置して作業に集中できる環境を構築します。不要なショートカットアイコンは削除します。また、デスクトップはファイルを直接置く場所ではないため、データファイルはドキュメントフォルダーなど決められた場所に移動して整理します。

以下のように書き直してみました：

デスクトップには余計なアイコンを置かず、必要最低限のアイテムだけを配置して、作業に集中できる環境を作りましょう。不要なショートカットアイコンは削除します。デスクトップはファイルを直接置く場所ではないので、データファイルはドキュメントフォルダーなど決められた場所に移動して整理します。

08 Wordの印刷とPDFファイルの作成

Wordで印刷する前に「印刷プレビュー」で確認

Wordの文書編集画面は印刷イメージそのものです。そのため、Excelのような特別な印刷設定を行わなくても見た目通りに印刷できます。

印刷時には「印刷プレビュー」で実際の印刷イメージを確認して、もしイメージと違うようであればページ設定やフォントや余白など調整します。

なお、一般的な印刷物にはページ番号などが必要であるため、「ヘッダー／フッター」の設定を確認するほか（P.157参照）、文章校正を行い文章に間違いがないかをチェックしておく（P.161参照）ことも重要です。

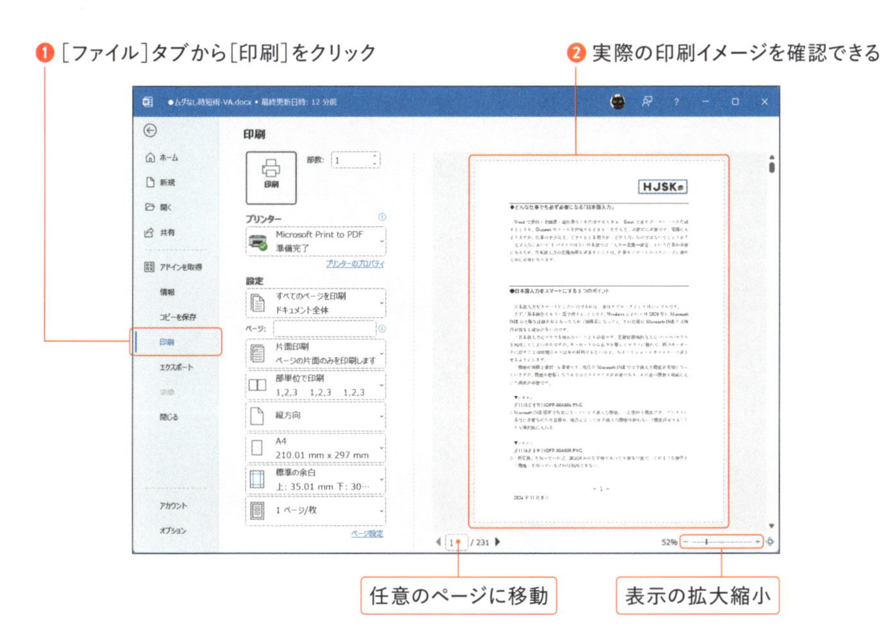

memo：印刷プレビューはよく利用する機能なので、いちいち［ファイル］タブをクリックせずにショートカットキー Ctrl ＋ P （Printの「P」）からアクセスするとよいでしょう。

印刷するページの指定

Wordの印刷では、ページ指定がない限りすべてのページを印刷します。

特定のページのみ印刷したい場合は、印刷プレビューの［ページ］で印刷したいページを指定するようにします。

□ 特定の1ページを印刷

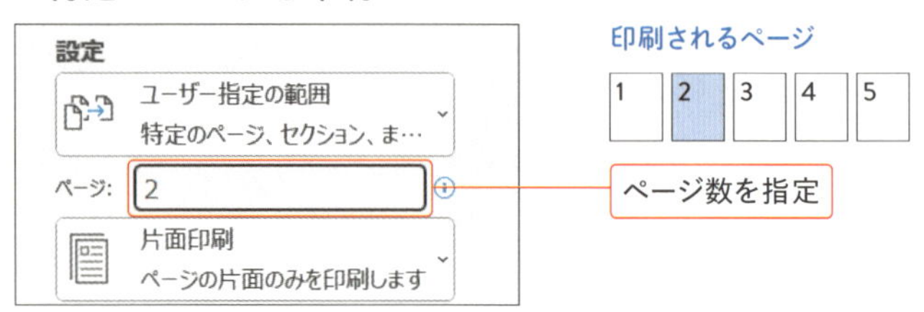

□ 特定の範囲を印刷

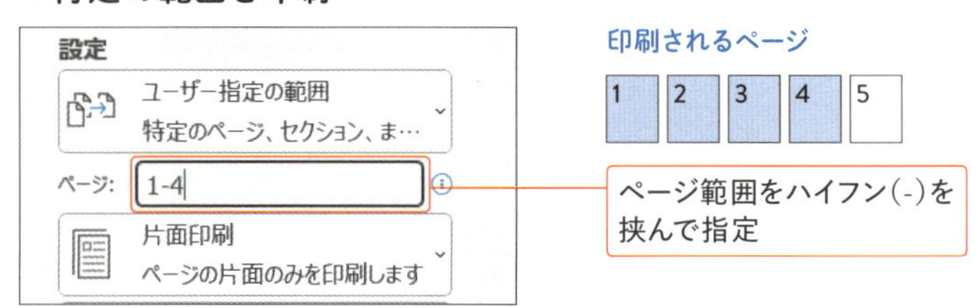

□ 特定のページを印刷

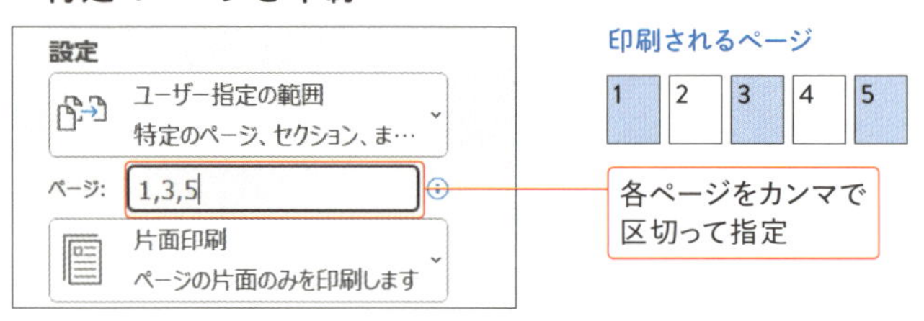

印刷プリンターの指定とPDFへの出力

プリンターを複数所有している場合は、印刷プレビューのプリンターから該当プリンターを指定します。また、PDFファイルとして保存したい場合は、プリンターから［Microsoft Print to PDF］を選択して、ファイルに保存します。

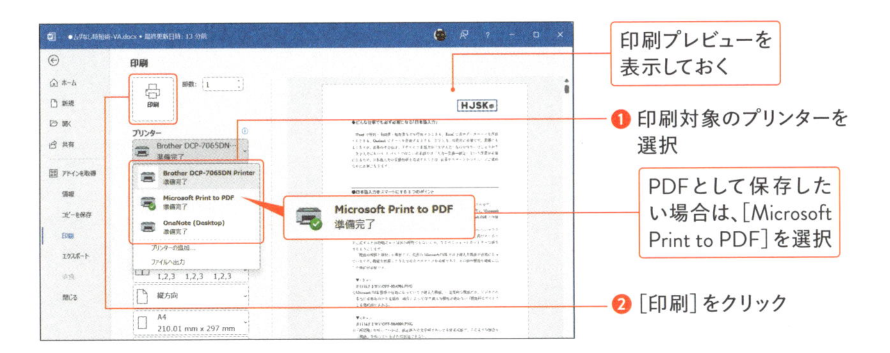

印刷プレビューを表示しておく

❶ 印刷対象のプリンターを選択

PDFとして保存したい場合は、［Microsoft Print to PDF］を選択

❷ ［印刷］をクリック

□ 印刷対象として［Microsoft Print to PDF］を選択した場合

❶ ［印刷結果を名前を付けて保存］ダイアログが表示される

❷ PDFファイルを保存する場所を選択

❸ ［ファイル名］に任意のPDFファイル名を入力

❹ ［保存］をクリック

❺ 文書をPDFファイルにできる

1枚の用紙に複数ページを印刷

用紙を減らして印刷したい場合は、用紙1枚に2ページ分や4ページ分を印刷することもできます。

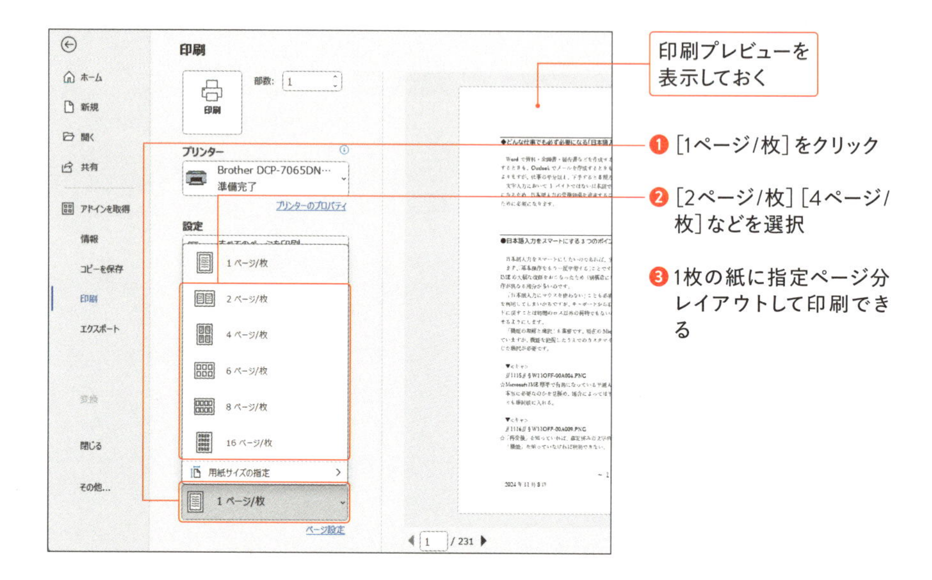

memo：プリンターが両面印刷に対応している場合は、［片面印刷］をクリックして、［両面印刷］を選択すれば、1枚の用紙の裏表に各ページを印刷することができます。

Essential PC Skills for Confident Work

6章

PowerPointで褒められる資料を作る

Power Pointのここがポイント

PowerPointは企画書や提案書などさまざまな用途に活用できます。この際、Wordでの文書作成との違いを明確にすることが重要です。Wordは主に文章を中心としていますが、PowerPointでは文章を箇条書きにして理解しやすくするほか、写真や図版、グラフなどを駆使して、視覚的にわかりやすい表現を心がけましょう。

□「人に伝える」テクニックを把握 ｜ 重要度：★★★ ｜

PowerPointを使う上で把握しておきたいのが**人にわかりやすく、また目的を明確にして説明するためテクニックです**。

この人に伝えるための5W1Hなどのテクニックについては、P.173で詳しく解説しています。

□ 色相環を意識して配色 ｜ 重要度：★★ ｜

PowerPointのスライドでは多彩な色を使うことになります。視覚的に魅力的で、重要な情報を強調しやすく、内容の整理やブランドの一貫性を保つのに役立ちます。ただし、似たような色を使うことで文字が見にくくなることや、色の使い方を間違えるとマイナスイメージにもなりかねないため**「色相環」と「色ごとの心理に与える影響」を理解しておきましょう**。

□ スライド内の文字数を減らしビジュアル化する ｜ 重要度：★★ ｜

スライド上に多くの文字を配置しても相手には読んでもらえません。作成する資料にもよりますが、文章を「箇条書き」にしてなるべく文字数を減らす努力をします。**文章を「図」「表」「チャート」などのイメージ化する努力も大切です**。

□ 読み手や視聴者を意識したレイアウトを心がける ｜ 重要度：★★★ ｜

スライドデザインはシンプルにし、情報を詰め込みすぎないよう

に心掛けます。レイアウトの統一感も大切で、図や写真の配置場所、フォント、色を一貫させることで、伝えたい内容に意識を集中させることができます。

また、背景色と文字色のコントラストをしっかりと確保することで、読みやすいスライドが完成します。

□ チャートや矢印などの効果を知る ｜ 重要度：★★★ ｜

単純に箇条書きでスライド上に文字を並べるよりも、**チャートを利用して手順や順序、あるいは構造や構成を示したほうが、読み手や視聴者にわかりやすく、また印象にも残ります**。

□ スライドマスターの役割を知る ｜ 重要度：★★ ｜

スライドマスターを活用することで、すべてのスライドに一貫したデザインとレイアウトを提供できます。あらかじめレイアウトを整えておくと、スライドごとに設定を行う手間が省けるうえ、**スライド全体に統一感が生まれます。これにより、読み手や視聴者へ信頼感を与えることができます**。

□ アニメーションに頼らない ｜ 重要度：★★ ｜

PowerPointではついついアニメーション効果に期待してしまいますが、ビジネスシーンではアニメーションが視覚的な混乱を招くことや、注意を奪い過ぎてしまい内容が伝わらなくなってしまうことがあります。基本利用は控えて、アニメーションに頼らないスライドを作成するようにします。

01 PowerPointで何ができる？世の中でどう使われている？

わかりやすい資料を作成できるPowerPoint

PowerPointはプレゼンテーションソフトです。プレゼンテーションというと、プロジェクターでスライドを映すことを思い浮かべるかもしれませんが、PowerPointはそれだけではありません。紙に印刷して配布することもでき、グラフィックを使った資料作成ツールとしても非常に便利です。

人は一般的に「長文を読むこと」が苦手ですが、**PowerPointはカラフルな写真やグラフを取り入れることで視覚的に情報を伝えやすくでき、魅力的でわかりやすい資料を作成できます**。

PowerPointの画面構成と部位名

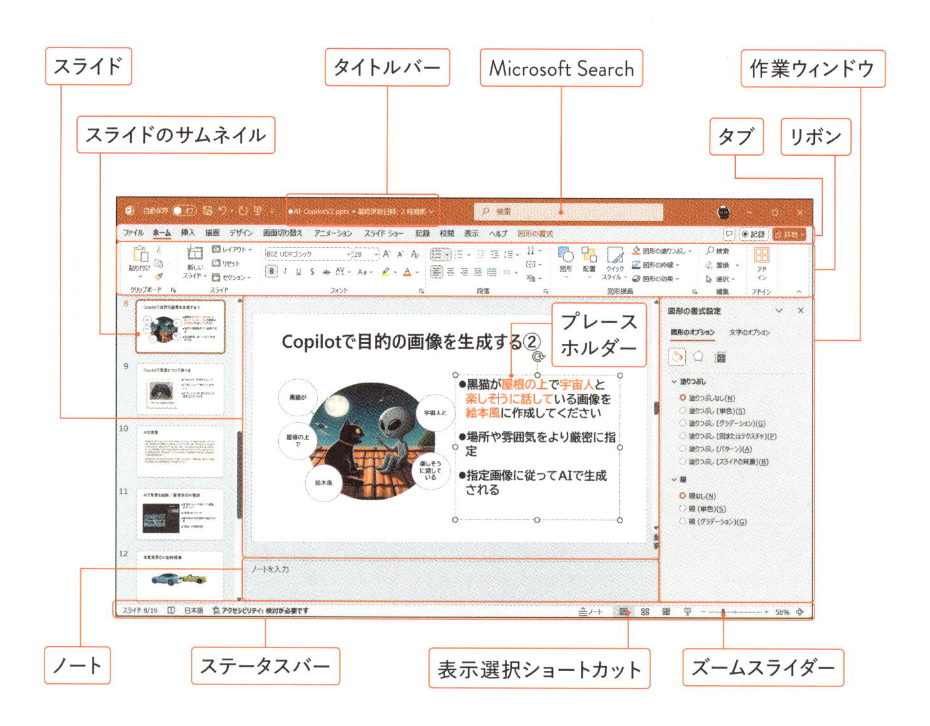

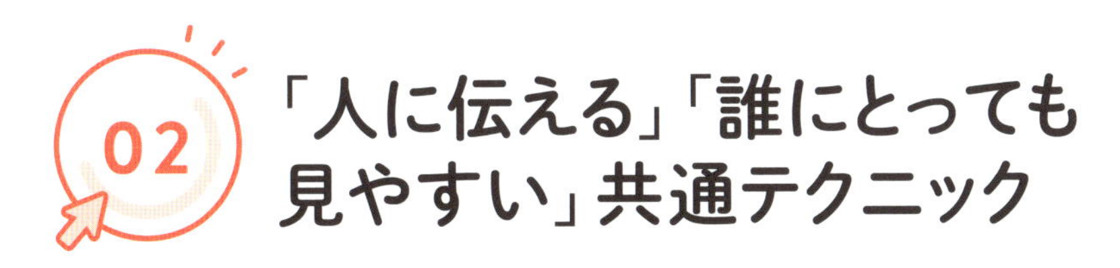

02 「人に伝える」「誰にとっても見やすい」共通テクニック

伝えるテクニックを知ることが第一歩

人に伝えるためのテクニックを知ることは、人生の成功への鍵です。

この技術を磨けば、自分のアイデアや意見を効果的に伝え、共感を得ることができます。相手の関心を引きつけ、ビジネスの交渉や提案がスムーズに進み、人間関係も円滑になり、働きやすい状態を生み出します。

memo：ここではPowerPointでの活用を想定して解説していますが、Wordでの資料作成でも使える考え方&見せ方の話でもあります。

情報を伝えるための「5W1H」

「5W1H」とは、情報の整理や伝達の際に考慮すべき6つの要素のことで「Who・What・When・Where・Why」の5つのW、「How」の1つのHのことです。**情報を伝えるために5W1Hは非常に重要です**。

5W1H	内容
Who（誰が誰に）	話し手と受け手（相手の明確化）
What（何を）	伝えるべき内容やテーマ（目的の明確化）
When（いつ）	タイミングやスケジュール（実行時間の明確化）
Where（どこで）	実践・提出する場所や形式（実践場所の明確化）
Why（なぜ）	伝える行動の意図（ニーズの明確化）
How（どのように）	伝える手法（見せ方の明確化）

特にPowerPointでのスライド作成においては、自由なフィールドに図版や文字を置いていくためゴールを見失いがちです。**「誰に対して何を示し、その目的と意図は何なのか」をあらかじめ明確にしておくことは非常に重要です**。

色彩テクニック（色相環・補色・同系色・暖色・寒色）

色同士の関係性を視覚的に理解しやすくした図に「色相環」があります。プレゼンテーションでは、色相環を理解することで、色彩の調和の取れたスライドを作成できます。

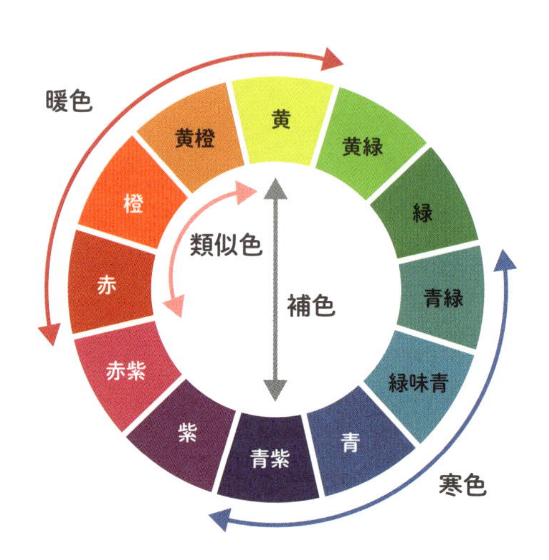

色相環では隣り合う色を「類似色」、反対側に位置する色を「補色」といいます。これらの関係を持った色を意識して選ぶことで、バランスの取れたスライドを作成できます。例えば、**類似色を使えば統一感が生まれ、補色を利用すれば対比を強調できます**。また、暖色は動的な印象を与え、寒色は落ち着きのあるビジネス的な印象を与えることができます。

これらを踏まえたうえで、さらに「色ごとの心理に与える影響」を知っておくと、スライド作成時の色の選択に役立ちます。

□ 色ごとの心理に与える影響

色	心理的影響	用途例
赤	興奮、情熱	注意を引く、警告、セール
青	落ち着き、信頼感	仕事環境、学習環境、企業ロゴ
黄色	明るさ、幸福感	注意を引く、ポジティブな感情
緑	自然、調和、安らぎ	リラックス効果、環境関連
紫	高貴、創造性	芸術的表現、高級感

memo：色付きのスライドやテキストボックスの背景に対して、その上に配置する文字は「類似色」を利用しないようにします。類似色が重なる場合、境界があいまいになり文字が見えにくくなるためです。

魅せる&見せる文章テクニック

プレゼンテーションにおけるスライドの文章は「読ませるため」のものではなく、「見せるもの」です。

文章は簡潔に、一目で理解できることが重要で、「箇条書き」を基本とします。情報を箇条書きにすることで、視覚的に読みやすく、また理解しやすくなります。

プレゼンテーションの5W1H

プレゼンテーションにおいて重要なのは「Who（誰が誰に）」です。まず、プレゼンターとその相手を明確にすることが大切です。また、「What（何を）」つまり、伝えるべき内容やテーマをしっかりと定めることも重要です。「When（いつ）」プレゼンテーションのタイミングやスケジュールを具体的に決めることで、実行時間を明確にできます。「Where（どこで）」プレゼンテーションを行う場所や形式も重要です。「Why（なぜ）」プレゼンテーションがなぜ必要とされるのか、その意図を明確にすることでニーズが理解できます。「How（どのように）」プレゼンテーションの手法や見せ方を工夫することで、より効果的に伝えることができます。

文字だらけで見にくいため、情報が伝わりにくい

プレゼンテーションの5W1H

■Who→誰が誰に
プレゼンターと相手

■What→ 何を
伝えるべき内容やテーマ

■When→いつ
タイミングやスケジュール

■Where→どこで
プレゼンを実践・提出する場所や形式

■Why→なぜ
プレゼンがなぜ必要とされるか

■How→どのように
プレゼンテーションの手法

「箇条書き」にすると見やすく伝わりやすい

memo：プレゼンテーションにおいて「～のようです」「～らしいです」のような曖昧な表現は避けるようにします。相手に情報を示すのですから、スライド上では言い切ることが好ましくなります。

ビジュアル化テクニックとAI活用

図や表などは情報の理解を深めます。またPowerPointのスライドはプレースホルダー内の文字数を増やせば増やすほどフォントサイズが小さくなるため、このような特性を考えてもなるべく**文章を「図」「表」「チャート」などのイメージ化することがプレゼンテーションでは重要**です。

なお、このような文章を表などに変換する際にもAIを活用できます。

プレゼンテーションの5W1H

5W1H	意味	プレゼンとしての5W1H	明確化
Who	誰が誰に	プレゼンターと相手	相手の明確化
What	何を	伝えるべき内容やテーマ	目的の明確化
When	いつ	タイミングやスケジュール	実行時間の明確化
Where	どこで	プレゼンを実践・提出する場所や形式	実践場所の明確化
Why	なぜ	プレゼンがなぜ必要とされるか、意図	ニーズの明確化
How	どのように	プレゼンの手法	見せ方の明確化

文章を表にして視覚的にもわかりやすくした例

AIを活用して箇条書きや表にまとめる

文章を箇条書きや表にすることが苦手というのであれば、AIを活用して箇条書きにしてもらいます。「以下の文章を箇条書きにしてください。」、表であれば「以下の文章を表にまとめてください。」と指示したうえで、下部に文章を貼り付ければOKです。

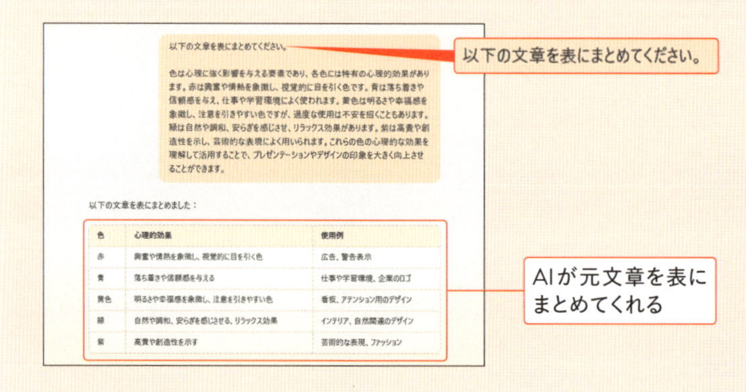

以下の文章を表にまとめてください。

色は心理に強く影響を与える要素であり、各色には特有の心理的効果があります。赤は興奮や情熱を象徴し、視覚的に目を引く色です。青は落ち着きや信頼感を与え、仕事や学習環境によく使われます。黄色は明るさや幸福感を象徴し、注意を引きやすい色ですが、過度な使用は不安を招くこともあります。緑は自然や調和、安らぎを感じさせ、リラックス効果があります。紫は高貴や創造性を示し、芸術的な表現によく用いられます。これらの色の心理的な効果を理解して活用することで、プレゼンテーションやデザインの印象を大きく向上させることができます。

以下の文章を表にまとめました：

色	心理的効果	使用例
赤	興奮や情熱を象徴し、視覚的に目を引く色	広告、警告表示
青	落ち着きや信頼感を与える	仕事や学習環境、企業のロゴ
黄色	明るさや幸福感を象徴し、注意を引きやすい色	看板、アテンション用のデザイン
緑	自然や調和、安らぎを感じさせる、リラックス効果	インテリア、自然関連のデザイン
紫	高貴や創造性を示す	芸術的な表現、ファッション

レイアウトテクニック

PowerPointではスライド上で自由に文字やオブジェクトをレイアウトできるため、ついつい図形の吹き出しを多用してしまったり、文字を斜めに置いたり、いろいろな色を使いたくなってしまいます。

しかし、見やすいのはオブジェクトがごちゃごちゃしていないスライドであるため、**「シンプルイズベスト」を心がけるようにします**。

□ シンプルなデザインと余白の確保

スライド上の編集は自由度が高く、ついつい余白をつぶしてイラストや図などを配置してしまいがちです。しかし、**スライドのデザインはシンプルでかつ、情報を過度に詰め込まないことが大切です**。余白を適度に確保することも大切で、余白は視覚的な余裕を生み出し情報をより伝えやすくします。

□ レイアウトの統一感

プレゼンテーションにおいてレイアウトの統一感も大切にします。

プレゼンテーションの内容にもよりますが、基本的に図や写真を置く場所を統一します。一貫したフォントと色を使うことも大切です。

□ スライド上のアイテムは大きく

Wordなどで作成する文書とは異なり、PowerPointで作成するスライドはぱっと見て理解される（理解できる）ことが重要です。よって、**スライド上の文字は大きく（24ポイント以上推奨）、また写真や図版なども見やすいように大きめにレイアウトします**。

□ コントラストの重視

背景色と文字色のコントラストを確保することで、文字が読みやすくなります。これはスライドの背景色と文字色だけでなく、吹き出しの塗りつぶし（背景色）とその上に配置する文字色にも適用されます。

基本的には、薄い色の背景には濃い色の文字を、濃い色の背景には薄い色の文字を使用します。迷ったときや配色が読みづらい場合は、「背景を白系で文字を黒系」または「背景を黒系で文字を白系」にすると見やすくなります。**適切なコントラストの配色により、誰にでも読みやすいスライドが完成します**。

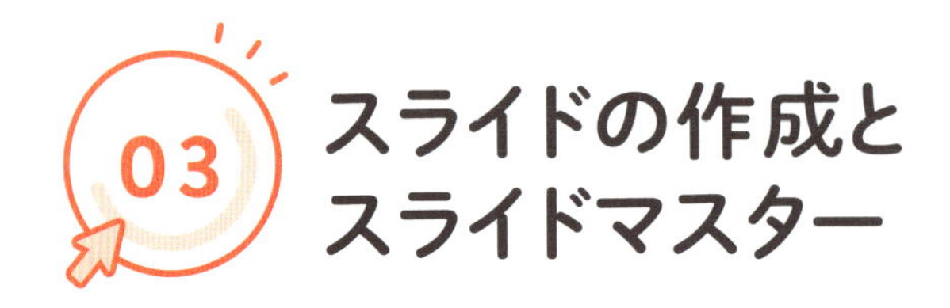

03 スライドの作成とスライドマスター

プレゼンテーションの作成

PowerPointを起動すると［スタート画面］（ホーム）が表示されるので、［新しいプレゼンテーション］をクリックします。

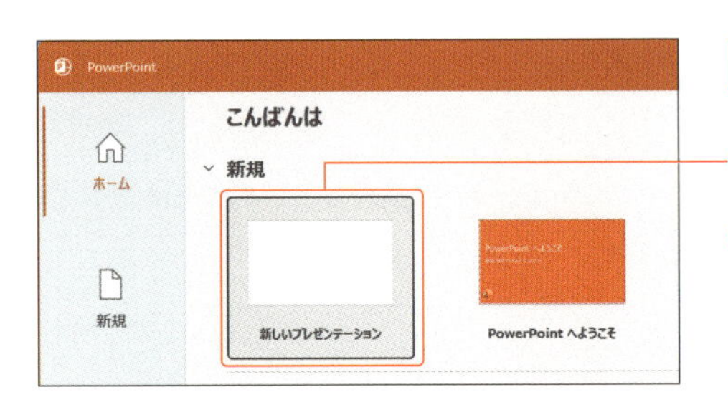

PowerPointを起動する

❶［新しいプレゼンテーション］をクリック

❷ 白紙のスライドから作業を開始できる

column テンプレートの利用

あらかじめデザインが適用されたプレゼンテーションテンプレートを活用したい場合は、スタート画面から［その他のテーマ］をクリックします（バージョンや環境によっては不要）。キーワードを入力して検索することで、一覧から目的に沿ったテーマを一覧で表示できます。

任意のテーマをクリックすることで、あらかじめいくつかのスライドが存在する状態からプレゼンテーションを編集できます。

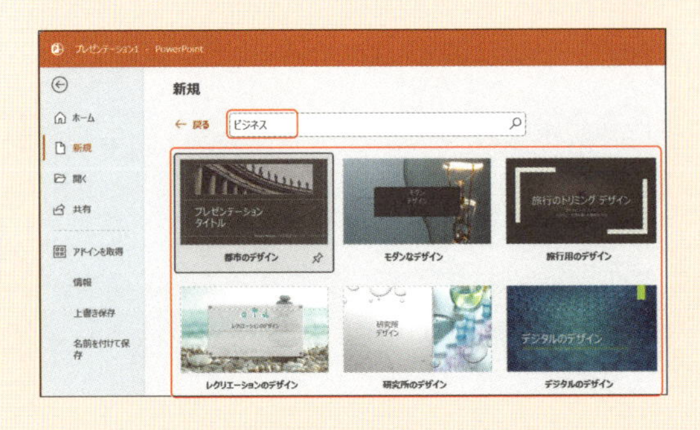

スライドマスターとレイアウト

PowerPointでスライドを作成する際に「スライドマスター」を知ることは非常に重要です。スライドを一括でデザイン変更できるほか、最初に整えておけばスライドごとにレイアウトを個別に設定する手間が省けます。

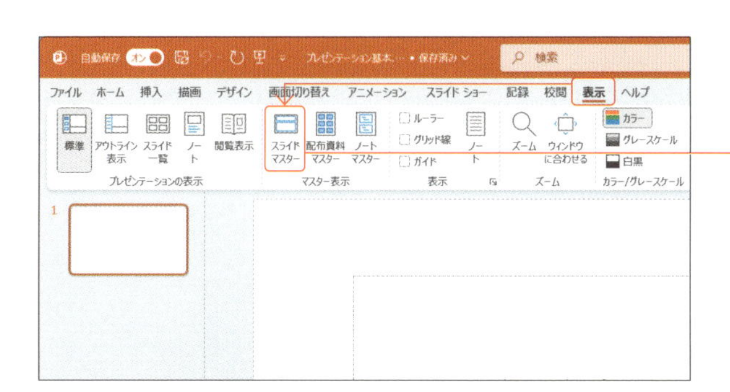

❶ [表示] タブから [スライドマスター] をクリック

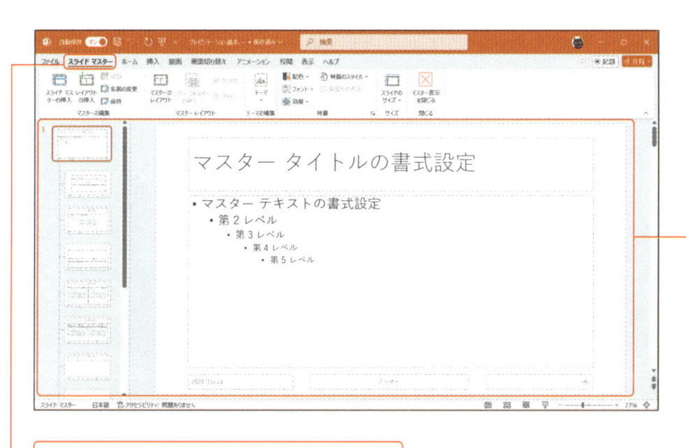

❷ スライドマスターで各種レイアウトを編集できる

[スライドマスター] タブが表示される

スライド見出し&本文フォントを決定する

スライドのフォントを一括で指定、あるいは変更したい場合は、スライドマスターでフォントを指定します。［見出しのフォント］と［本文のフォント］を設定できます。

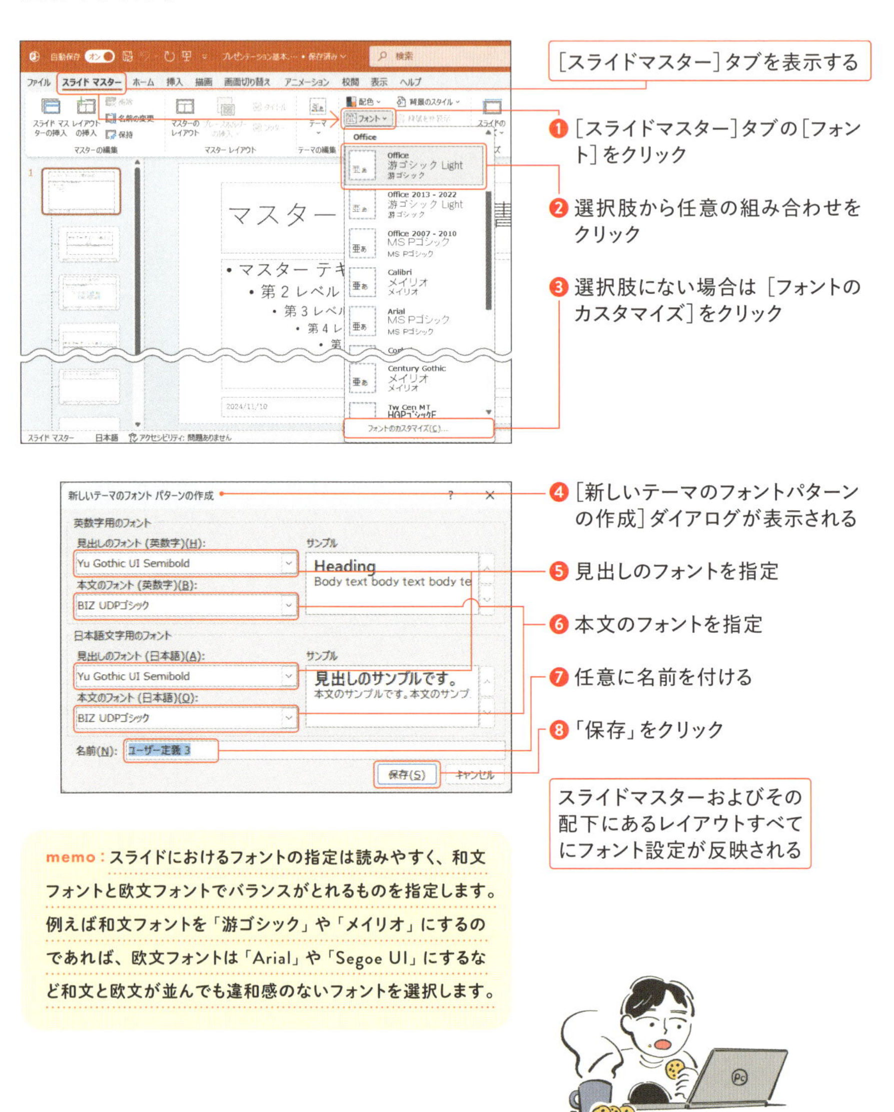

memo：スライドにおけるフォントの指定は読みやすく、和文フォントと欧文フォントでバランスがとれるものを指定します。例えば和文フォントを「游ゴシック」や「メイリオ」にするのであれば、欧文フォントは「Arial」や「Segoe UI」にするなど和文と欧文が並んでも違和感のないフォントを選択します。

各種レイアウトの編集

スライドマスターにて、背景の変更や会社ロゴの配置、プレースホルダー（テキストや画像などを追加するための枠）の配置変更や追加などを行うことができます。

memo：スライドマスターの編集はやや難しい操作であるため、現在のレイアウトに特に不満がない場合は、無理に編集する必要はありません。

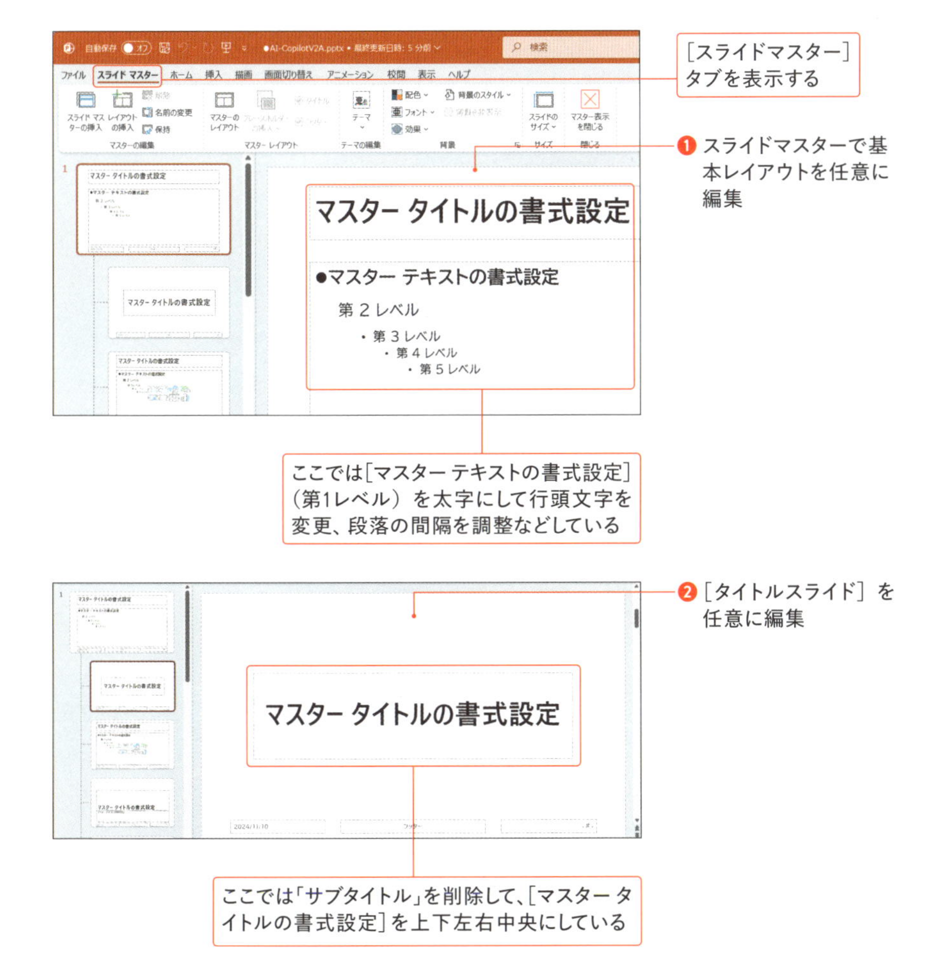

column 利用するスライドだけ編集すればOK

一般的なスライドにおいて基本になるのは「タイトルスライド」と「タイトルとコンテンツ」です。この二つをスライド上で任意に編集すれば、スライドとしては統一感が保たれます。

なお、画像やグラフを配置した際に、文字列もきれいに並べて配置したい場合は、「2つのコンテンツ」にも着目します。

スライドマスターを閉じる

スライドマスターでの編集が終了したら、マスター表示を閉じます。通常のスライド編集画面に戻ることができます。

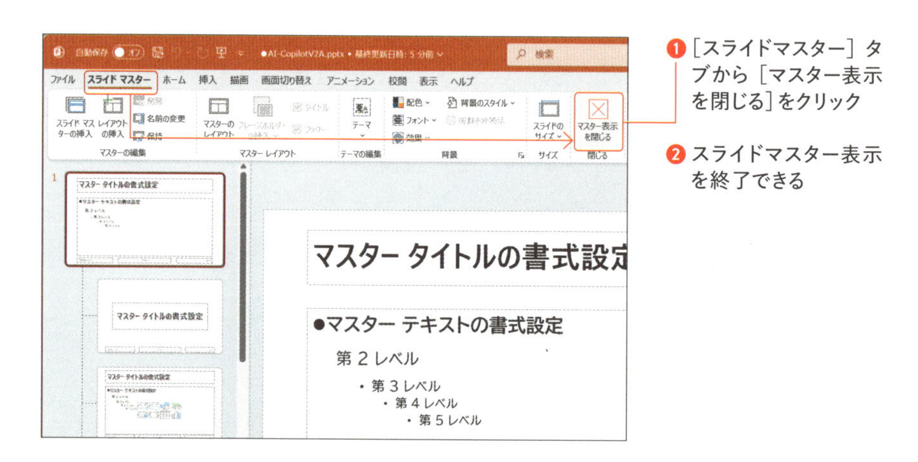

❶［スライドマスター］タブから［マスター表示を閉じる］をクリック

❷スライドマスター表示を終了できる

スライドの作成・追加・表示

スライドの追加

スライドは［ホーム］タブから［新しいスライド］をクリックすることで追加することができます。また、レイアウトを指定してスライドを追加することも可能です。

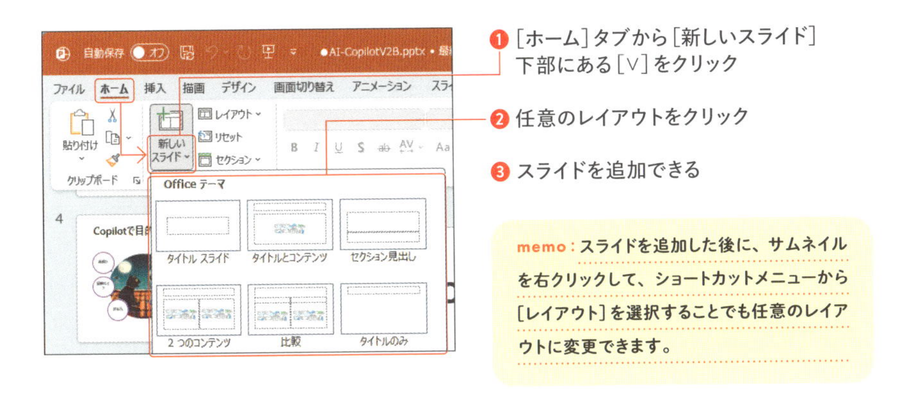

memo：スライドを追加した後に、サムネイルを右クリックして、ショートカットメニューから［レイアウト］を選択することでも任意のレイアウトに変更できます。

スライドでの文字入力

スライド上のプレースホルダー（テキストや画像などを追加するための枠）に任意に文字を入力します。なお、PowerPointの既定では「箇条書き」になり、文字を入力して Enter を押すことで改段落され、次項目の入力になります。

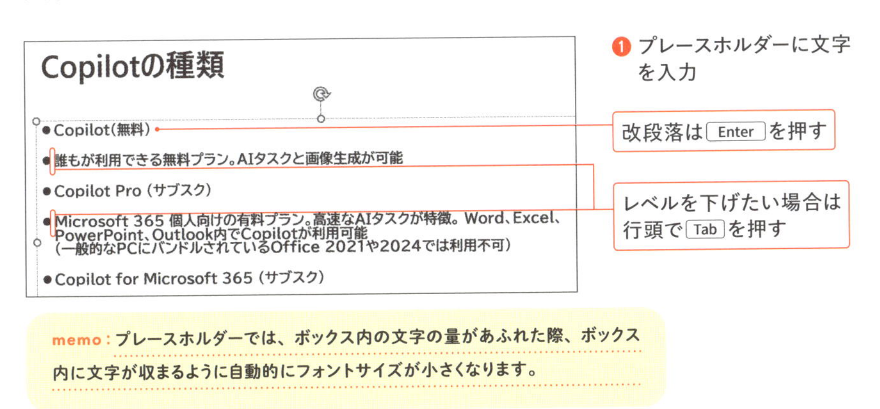

memo：プレースホルダーでは、ボックス内の文字の量があふれた際、ボックス内に文字が収まるように自動的にフォントサイズが小さくなります。

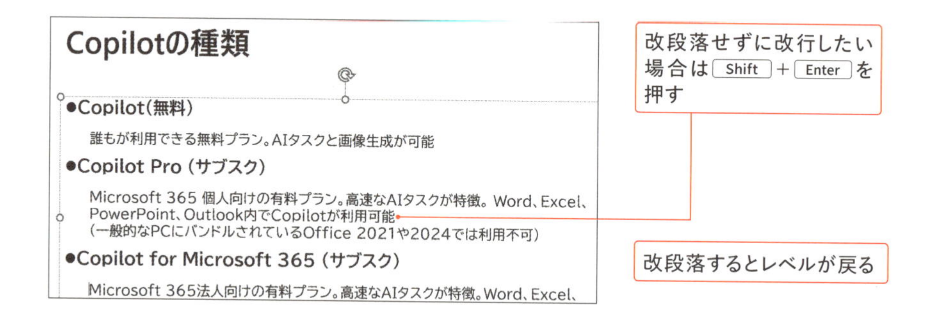

文字の視覚的強調(文字装飾)

スライドでは、スライドマスターでのフォント設定に従ったフォントが適用されますが、一部の単語や文章を強調したい場合は、対象文字列を選択したうえで、[ホーム] タブの [フォント] グループでフォントの書体・サイズ・太字・斜体・色などを任意に設定します。

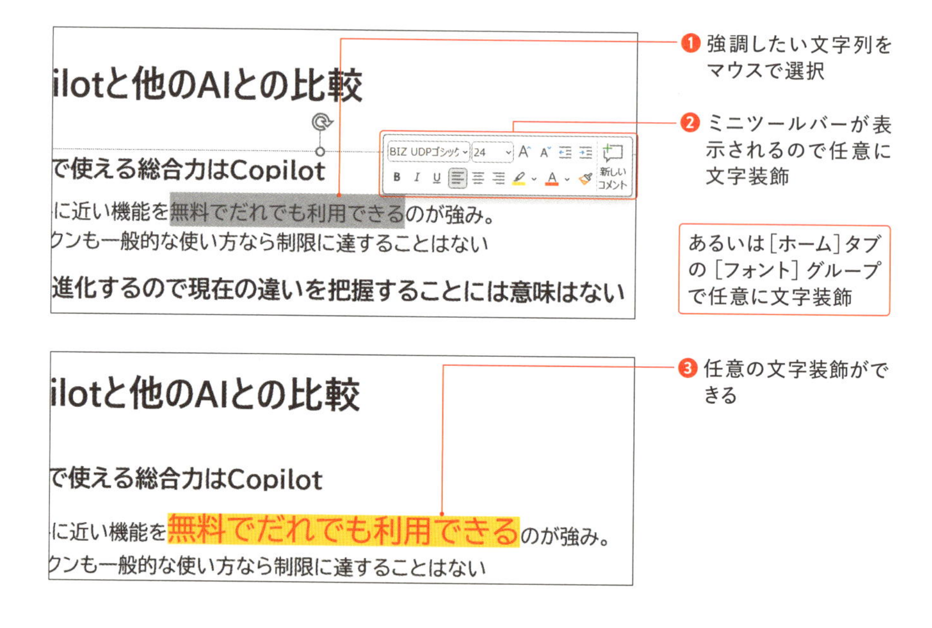

memo：文字の視覚的な強調におけるスタイルは統一するようにします(複合的な文字装飾は「文字装飾のコピー」を活用、P.136を参照)。なお、文字装飾がスライドごとに不統一であったり、いろいろなパターンを使ったりすると、チープな印象を与えてしまうため、多くても3パターンほどに留めるようにします。

スライドの順序変更

スライド順序を変更したい場合は、スライドのサムネイルをドラッグ＆ドロップで移動します。任意に順序変更することができます。

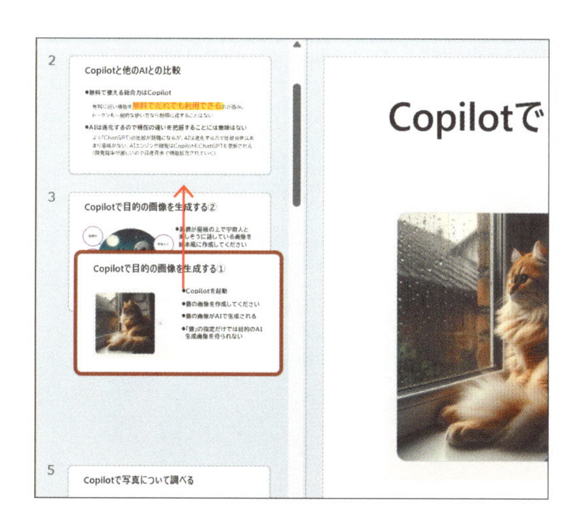

スライドを一覧表示して確認

ステータスバーの右側にある「スライドの一覧」ではスライドを一覧表示して確認することができます。また、このスライド一覧ではスライドのサムネイルをドラッグ＆ドロップして順序変更もできます。

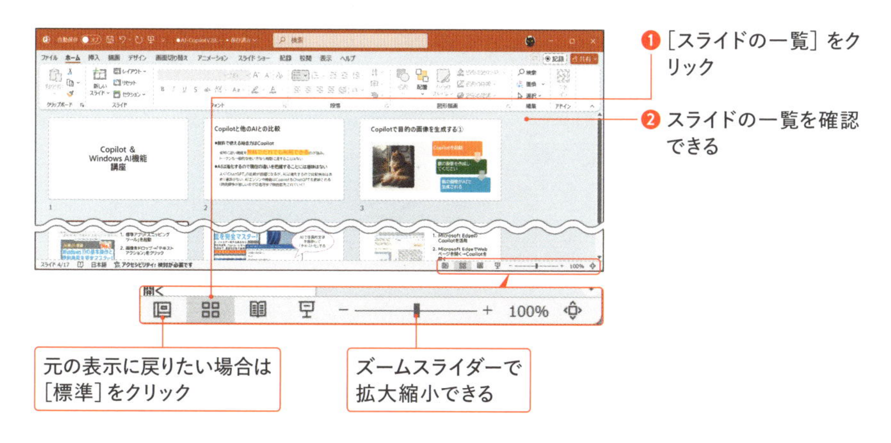

説得力を高めるグラフや画像の挿入

数値をグラフにする効果

数値をグラフにすると、データの視覚化が進み、情報が一目で理解しやすくなります。複雑な数値が整理されることで、トレンドや比較、パターンが直感的に把握できます。

スライドにグラフを使用すると、データの信頼性が高まります。視覚的に情報を伝えることで理解しやすくなり、説得力も向上します。

グラフの挿入

スライドにグラフを挿入したい場合は、［挿入］タブから［グラフ］をクリックして、任意のグラフを挿入します。この方法では、最初にグラフが挿入された後に、ワークシートで数値を入力する形になります。

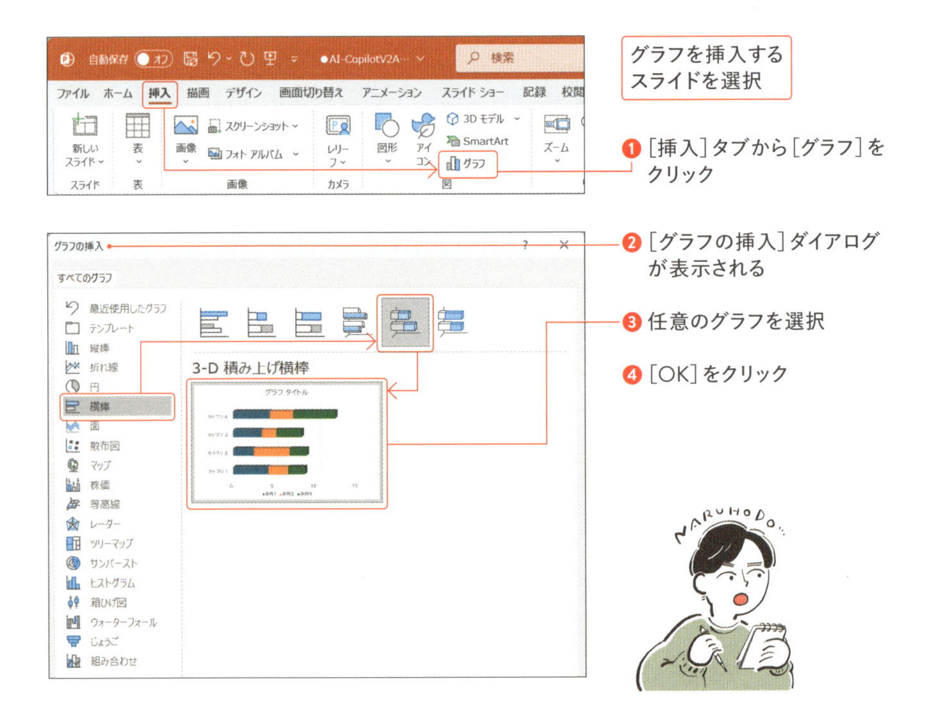

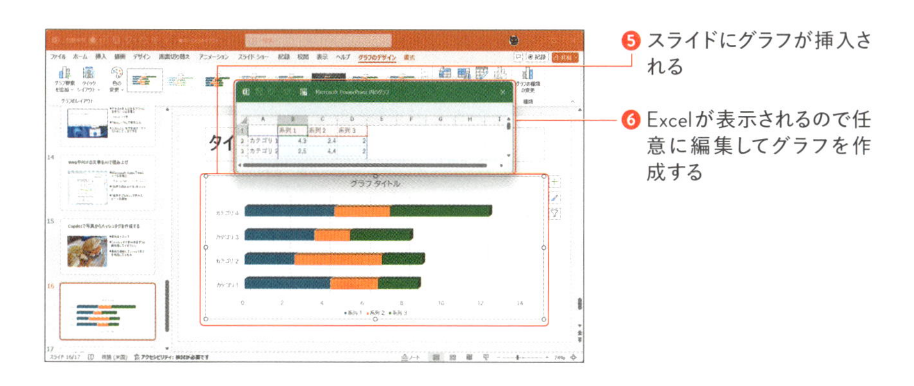

❺ スライドにグラフが挿入される

❻ Excelが表示されるので任意に編集してグラフを作成する

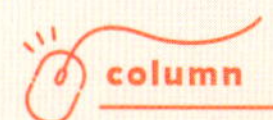

column Excelのグラフをペーストして活用する

Excelでのグラフ作成のほうが使い慣れているという場合は、グラフをExcelで作成したうえで、コピー＆ペーストで貼り付けるとよいでしょう（Excelのグラフ作成についてはP.119で解説）。

なお、貼り付けが思い通りにいかない場合は、貼り付ける場所で右クリックして、ショートカットメニューから［貼り付けのオプション］でプレビューしながら最適な形を選択します。

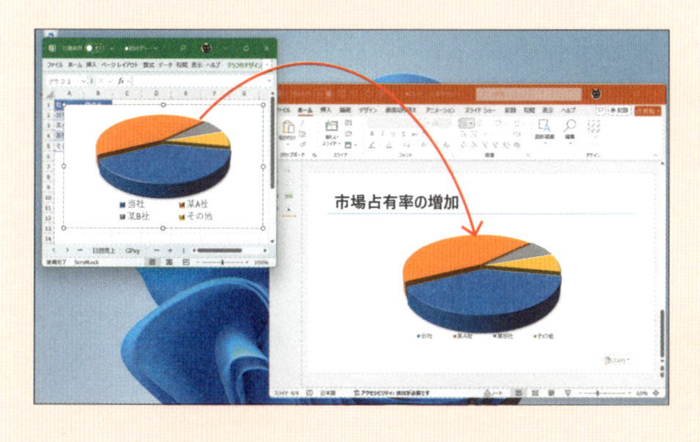

画像（写真・画像化している図形）の挿入

イメージとなる画像や内容に即した写真をスライドに挿入することは、情報を分かりやすく示すうえで効果的です。

画像の挿入はリボン操作から画像ファイルを指定する方法のほか、あらかじめ画像表示アプリや画像編集アプリで対象画像を開いておいてコピー＆ペーストする方法があります。

□ リボンからの画像挿入

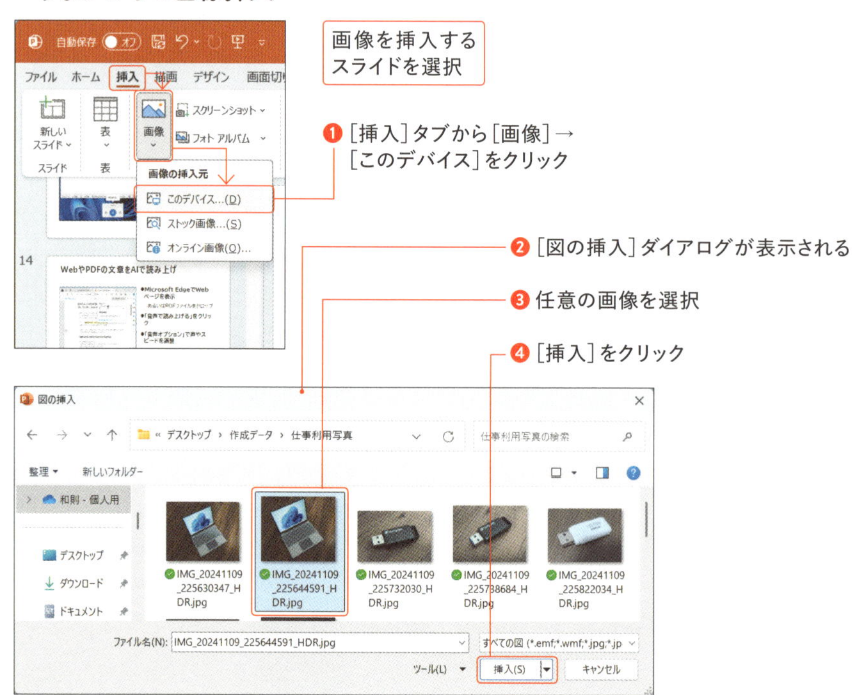

□ コピー&ペーストによる画像挿入

画像をトリミングする／画像の背景を削除する

画像内の必要な場所だけを切り抜きたい場合は、画像を右クリックして［トリミング］をクリックして任意にエリア選択します。

また、写真上の被写体だけを残したい場合は、画像を選択した状態で［図の形式］タブから余計な背景を除去します。

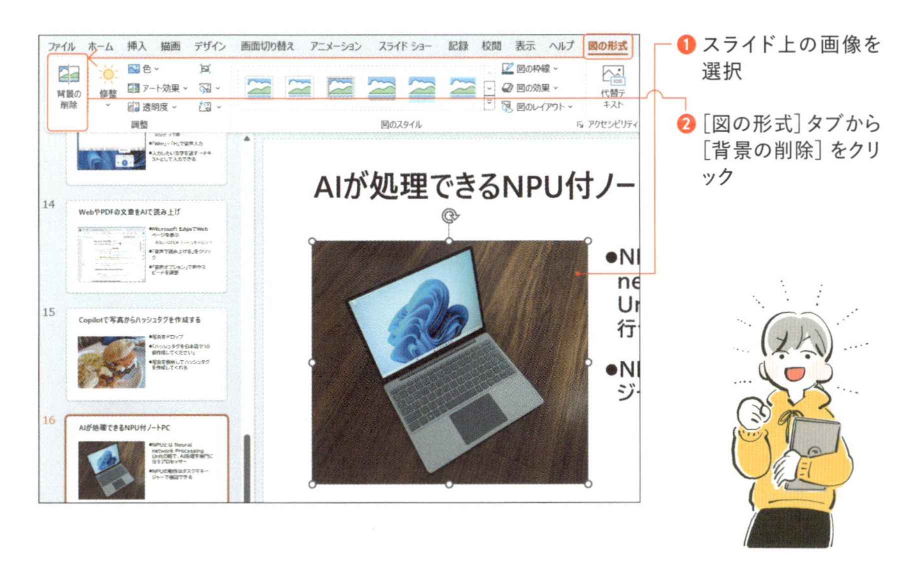

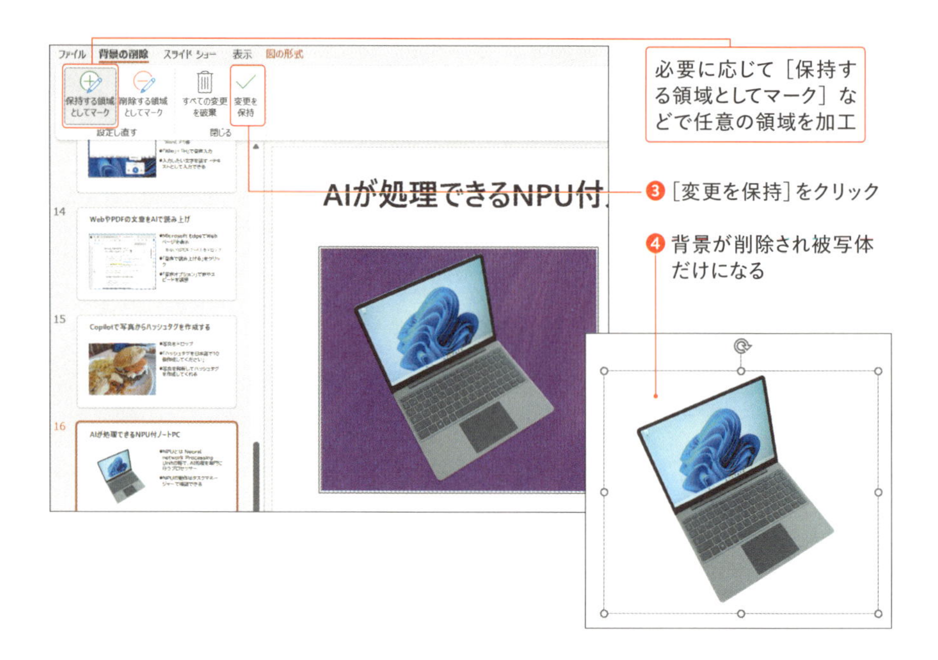

画像のスタイル変更

スライドに挿入した画像は、クイックスタイルで枠線を付ける・立体化・丸く切り抜くなどの効果が可能です。

なお、過度な加工はビジネスシーンでは好まれないため、**あくまでも読み手や視聴者の見やすさとわかりやすさを優先したスタイル設定を行います**。

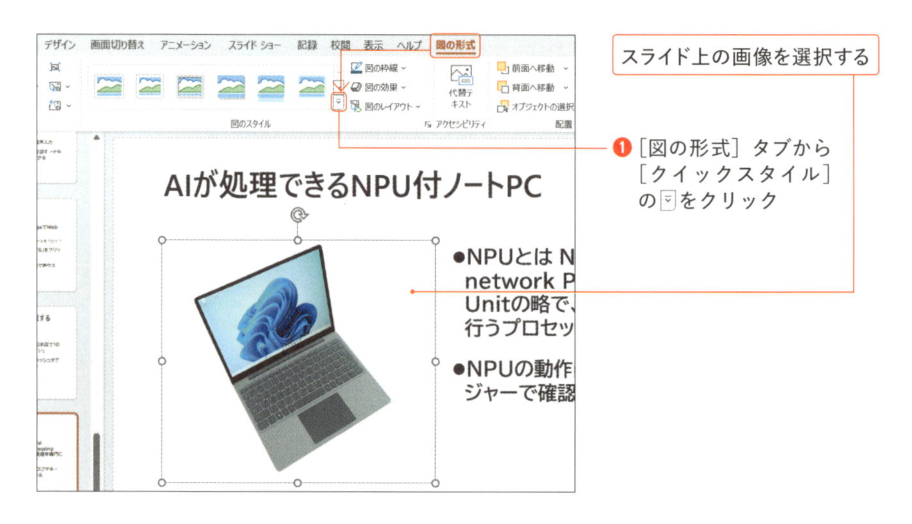

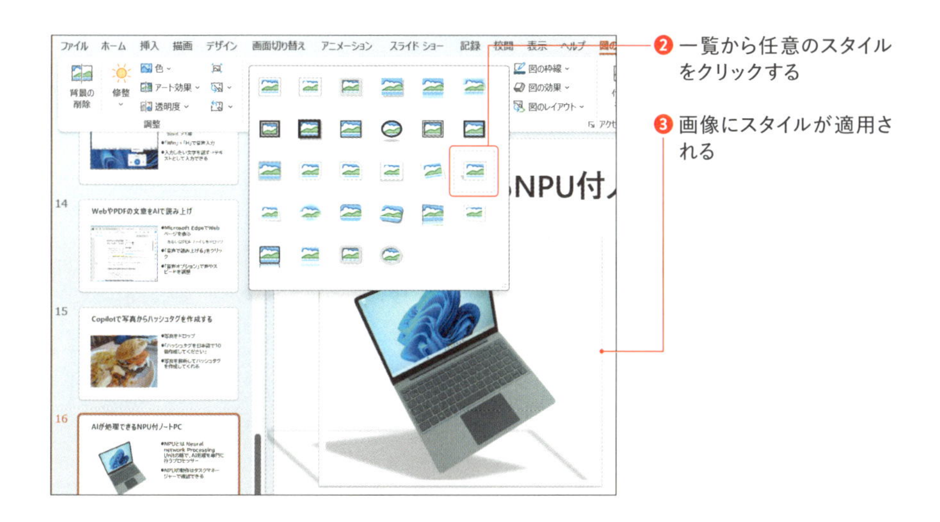

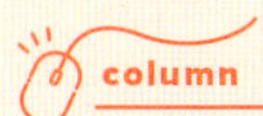

ロイヤリティフリー画像の活用

スライドにイメージとなる画像を挿入したい際、いちいち自分でイラストやアイコンを描き起こすのは面倒です。また、Web上にある画像は著作権の有無があるため、そのまま使えるとは限りませんが、Officeの「ストック画像」であればロイヤリティフリーであるため自由に活用することができます。

[挿入]タブから[画像]→[ストック画像]をクリックすることで[ストック画像]にアクセスできる

視覚的な効果を踏まえた図形描画

図形を使用するメリット

情報をわかりやすく示したい場合に「図形」は効果的です。**図形を使うことで、視覚的に情報を整理しやすくなるほか、複雑なデータや概念も簡潔に視覚化できます**。

なお、スライド上の図形はフォント・色・スタイルなどの一貫性を保つこと、また図形を過剰に使い過ぎて逆に情報が見にくくならないかなどを注意して図形を配置します。

矢印の方向が与える効果

矢印の方向はプレゼンテーションの効果を大きく左右します。「右向きの矢印」は未来・前進・進行を象徴し、「上向きの矢印」は成長・進歩・向上といったポジティブな意味を持ちます。

一方で、「左向きの矢印」は過去や後退を意味し、ネガティブな意味を持ちます。「下向きの矢印」は順序を示す場面などで利用されますが、減少・失敗・下降などの意味を持つため、場面によっては使い方に注意が必要です。

また、「両方向矢印」（←→）は協力関係・双方向の通信・選択肢の多さを示し、「向き合う矢印」（→←）は対立や意見の相違を表現します。

これらの矢印の方向の意味を理解して活用することで、相手にメッセージや情報をより効果的に伝えることができます。

□ 矢印のプレゼンテーション効果のまとめ

矢印の方向	意味と効果
➡	未来、前進、進行などのポジティブ
⬆	成長、進歩、向上などのポジティブ
⬅	過去、後退などネガティブ
⬇	順序を示す場面などで利用、ただし減少・失敗・下降なども意味する
⬅➡	協力関係・双方向の通信・選択肢の多さを表現
➡⬅	対立や意見の相違を表現

線や線としての矢印の描画

線・線としての矢印・曲線・フリーハンド描画は、［図形］の［線］から任意の線をクリックして描画します。線に対しては色・透明度・幅・実線／点線・矢印の種類などを描画後に任意にカスタマイズして変更することができます。

memo：線における水平／垂直など45度単位の角度にしたい場合は、Shift を押しながらドラッグして描画します。

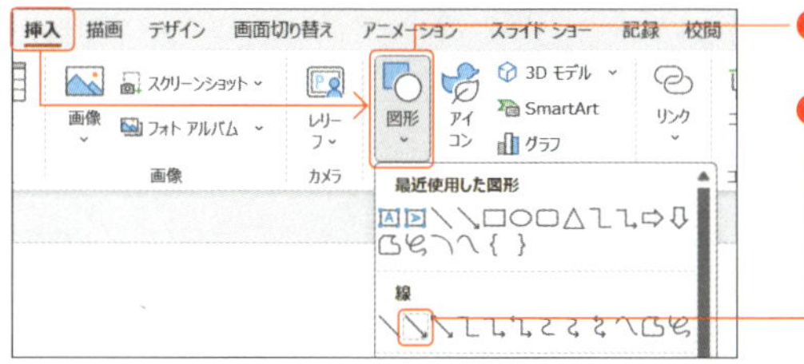

❶［挿入］タブから［図形］をクリック

❷［線矢印］をクリック

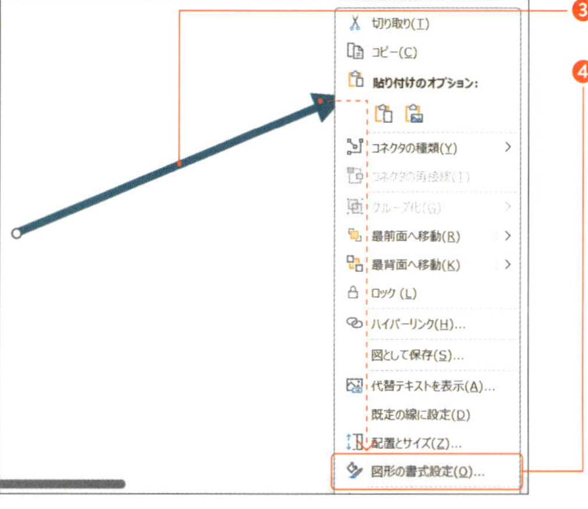

❸ドラッグして描画する

❹描画した線を右クリックして、ショートカットメニューから［図形の書式設定］を選択

図形の描画

図形としての多角形や円など描画したい場合は、［図形］の［四角形］［基本図形］から、また図形としての矢印を描画したい場合は［ブロック矢印］から任意に図形をクリックして描画します。

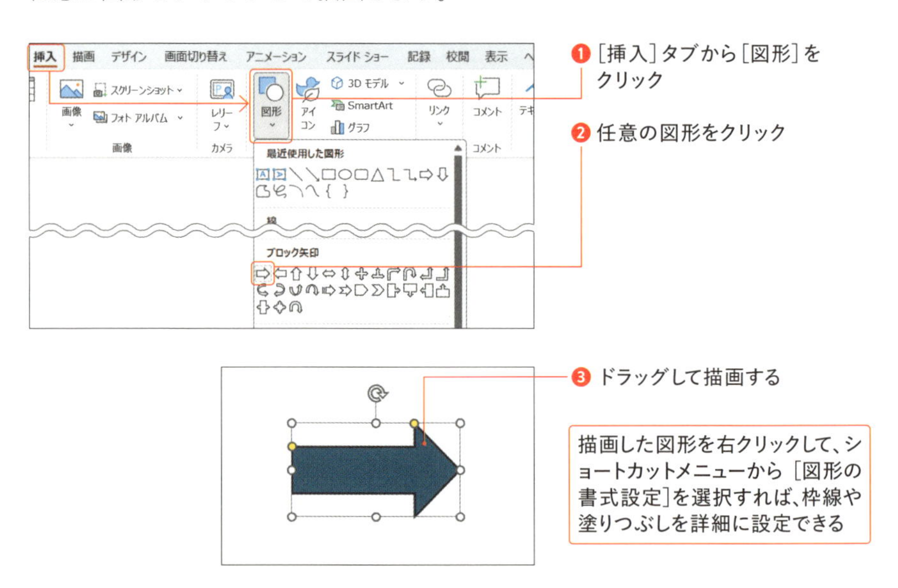

memo： 図形は描画後も選択時に表示されるハンドルをドラッグすることでサイズなどを変更することができます。また、選択時に上部に表示される回転ハンドルをドラッグすることで回転させることもできます。

吹き出しなど文字入力できる図形の挿入

オブジェクトに対してや見出し・説明・注釈などのために文字を記述したい際は、[挿入] タブからテキストを入力できる図形（[テキストボックス] [星とリボン] や [吹き出し] など）を挿入して、文字を入力します。

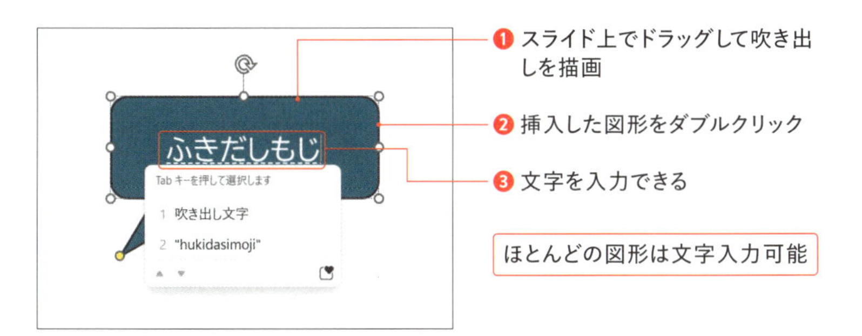

memo：図形を組み合わせて順序・手順・構造・構成・対比・関連などを示したい場合は、自身で各オブジェクトを描画するよりも「チャート」を利用すると便利です（P.199参照）。

クイックスタイルによる図形の効果

基本図形・ブロック矢印・吹き出しなど、図形の枠線と塗りつぶしを素早く設定したい場合は、クイックスタイルが便利です。

クイックスタイルは単に素早く図形のスタイルを決定できるだけでなく、枠線と塗りつぶしを各所で統一できる点もポイントになります。

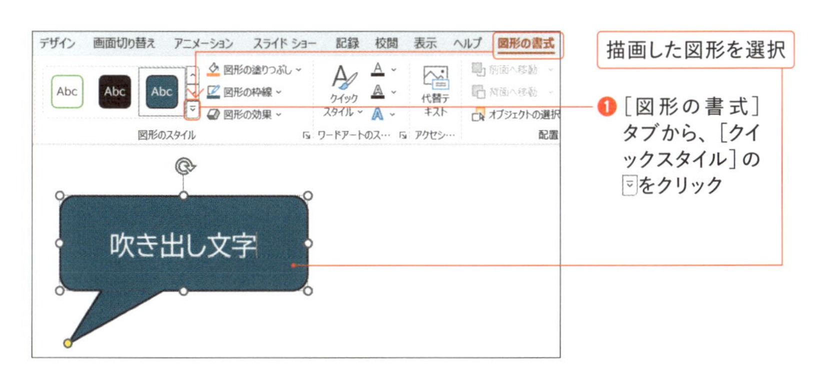

❷一覧から任意のスタイルをクリックする

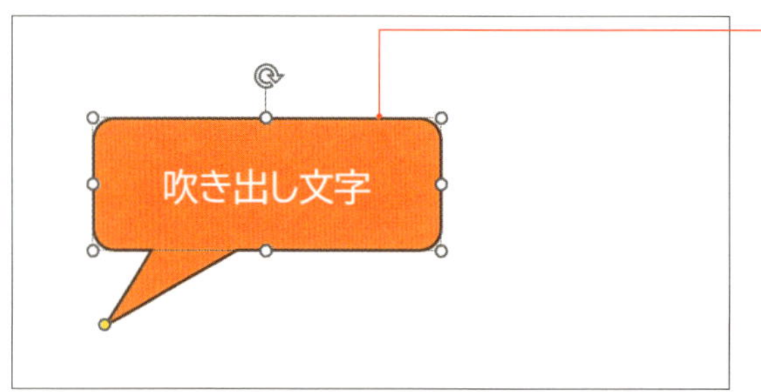

❸図形にクイックスタイルが適用される

図形の枠線・塗りつぶしなどの詳細設定

描画した図形の枠線における色・太さ・実線／点線など、塗りつぶしにおける色・パターン・透明度などを詳細に設定したい場合は、ショートカットメニューから各種指定を行えます。

memo：図形描画は伝えたい内容を効果的にサポートすることを意識しつつ、シンプルでかつ統一感を大切にします。細部にこだわる必要はありません。

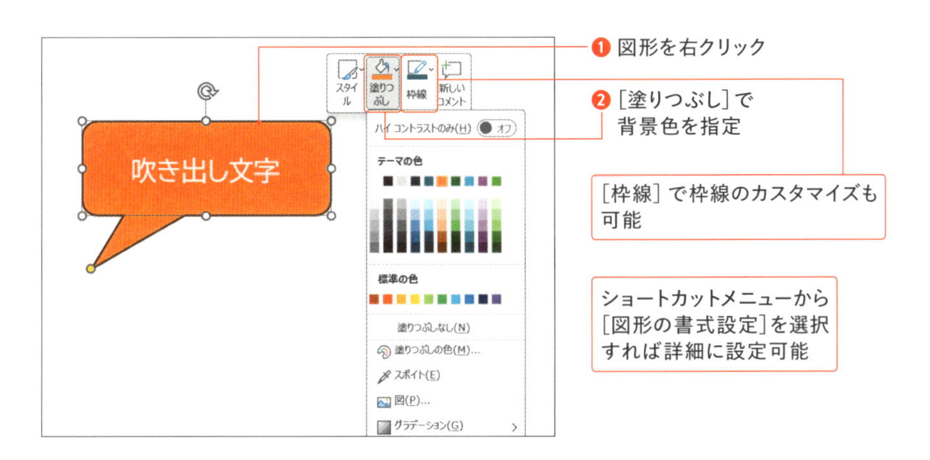

描画した図形の装飾を既定にする

現在描画済みの図形における線の色・幅（太さ）・線種および図形の塗りつぶしを、次回以降の図形描画の既定にしたい場合は、該当図形を右クリックしてショートカットメニューから［既定の図形に設定］を選択します。以後、描画する図形は該当する装飾に従ったものになります。

画像や図形の重なりを定義する

スライド上に複数の図形やテキストボックスを描画した場合、重なりの上下が発生します。この各図形の重なりを定義したい場合は、任意の図形を［最前面へ移動］あるいは［最背面に移動］して調整します。

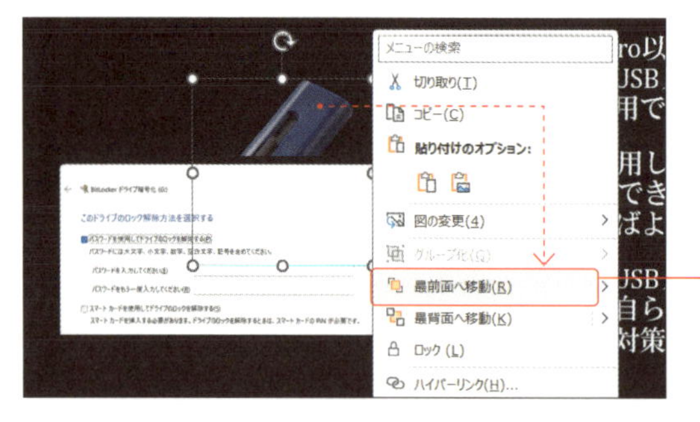

❶ 背面の図形を右クリックして、ショートカットメニューから[最前面へ移動]を選択

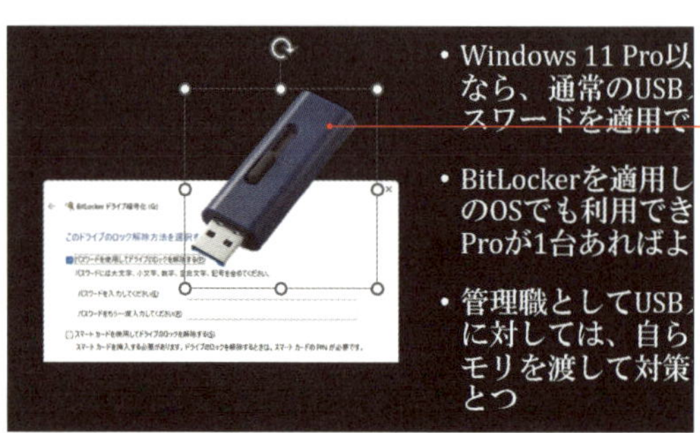

❷ 背面にあった図形が最前面に移動する

memo：複数の図形をひとつの図形として扱いたい場合は、複数の図形を選択して（矩形選択か Ctrl ＋クリック）、右クリックしてショートカットメニューから［グループ化］→［グループ化］を選択します。

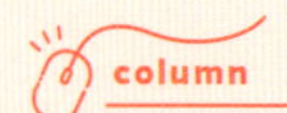

アニメーション設定は避ける

　人は動くものに目を引かれる特性があるため、スライド内のアニメーション効果はポジティブに捉えられることもあります。しかし、ビジネスシーンではアニメーションが視覚的な混乱を招くことや、本来伝えたい情報から注意を奪ってしまうことがあるため推奨しません。

　また、アニメーションを適用する場合であっても、基本的にシンプルなものを採用し、多用しないようにします。

文章をビジュアル化する
チャート化テクニック

チャートで文章をビジュアル化する

プレゼンテーションにおいてスライドに文章だけを並べても、相手に強い印象を与えることができません。複雑な情報をシンプルに表現して理解しやすくするためにも、**構造化された情報を視覚的に表現するチャートを積極的に活用します**。

例えば、手順であればステップとして単に「1.～ 2.～」などとスライド上で文字を並べるよりも物事の流れを示すチャート、組織であれば組織図で示したほうが相手はわかりやすく、また印象にも残ります。

チャートの挿入

チャート作成においては「図形」（四角形・線・ブロック矢印など）を組み合わせて作る方法もありますが、SmartArtを利用すれば、手順・循環・階層構造・集合関係・リスト・マトリックス・ピラミッドなどのチャートを簡単に作ることができます。

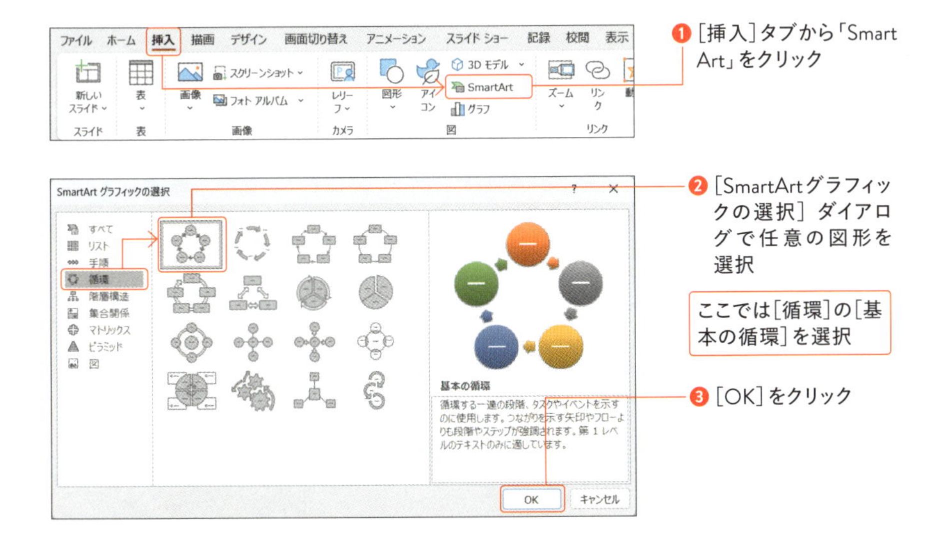

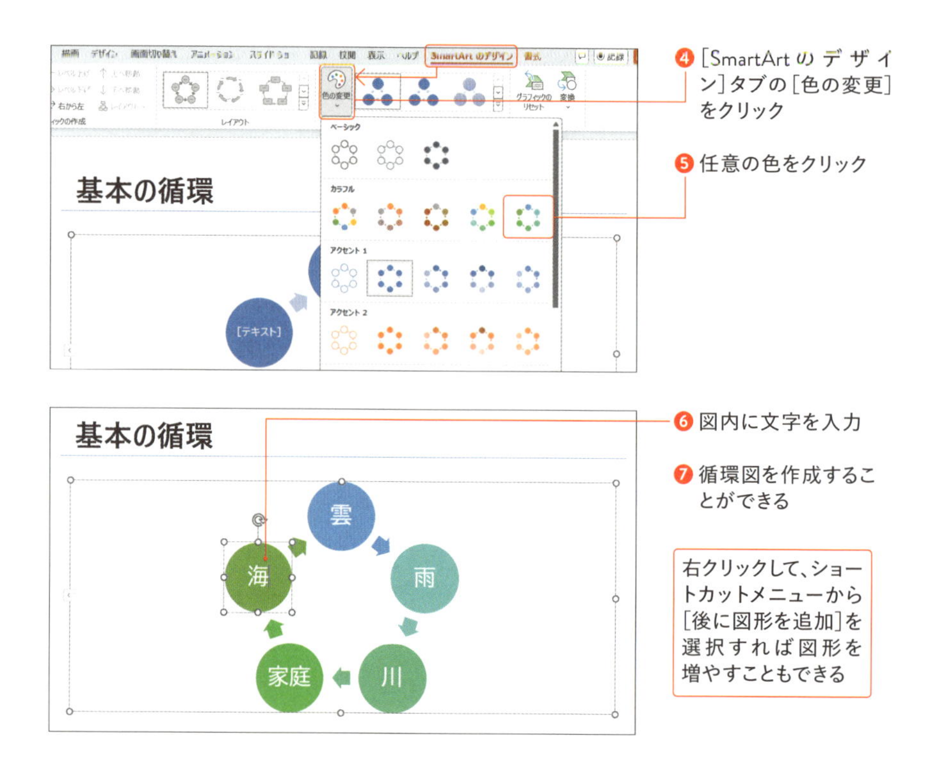

箇条書きをチャートに変換する

先にチャートの作成方法として、チャートを挿入してからテキストを入力しましたが、あらかじめ箇条書きで書かれたテキストをチャートに変換することも可能です。

この方法であれば、**とりあえずプレゼンテーションの内容作りに集中して、その後から必要に応じてチャートに変換してビジュアル化ができるので便利です**。

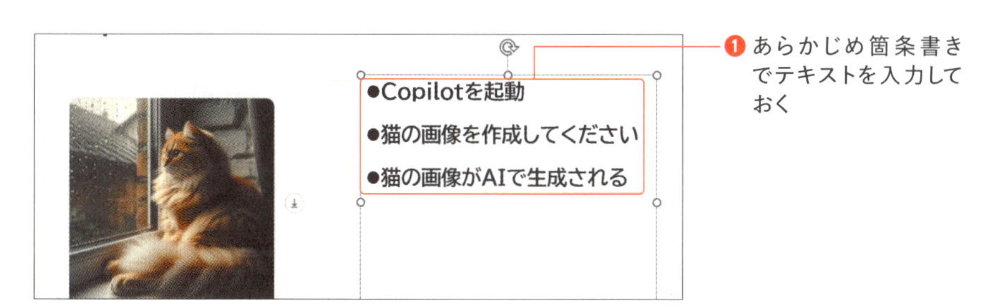

❶ あらかじめ箇条書きでテキストを入力しておく

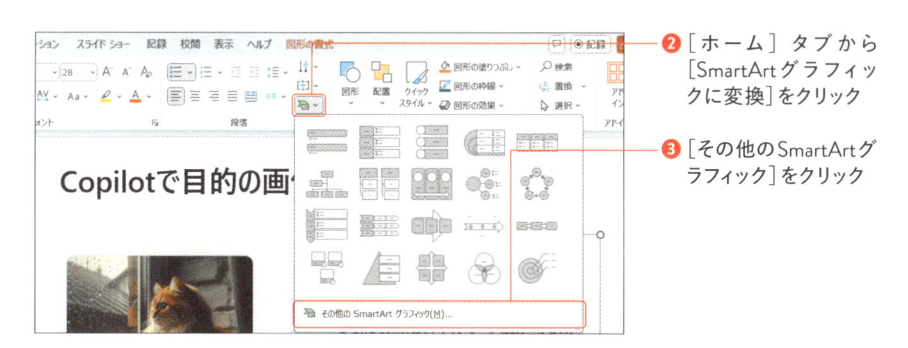

❷［ホーム］タブから［SmartArtグラフィックに変換］をクリック

❸［その他のSmartArtグラフィック］をクリック

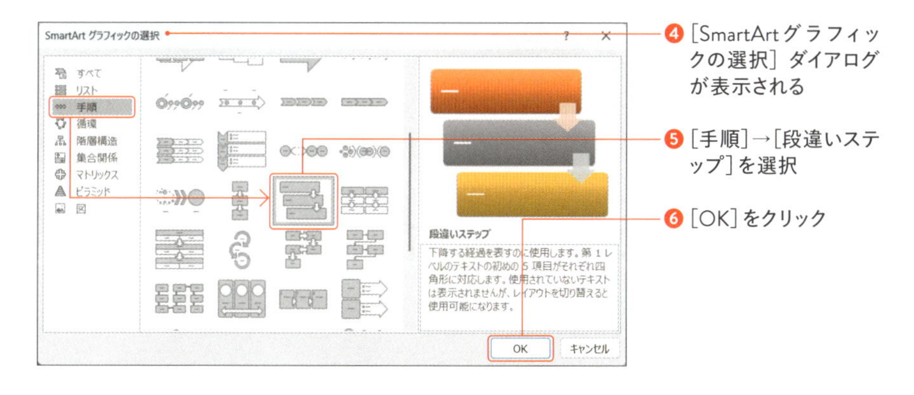

❹［SmartArtグラフィックの選択］ダイアログが表示される

❺［手順］→［段違いステップ］を選択

❻［OK］をクリック

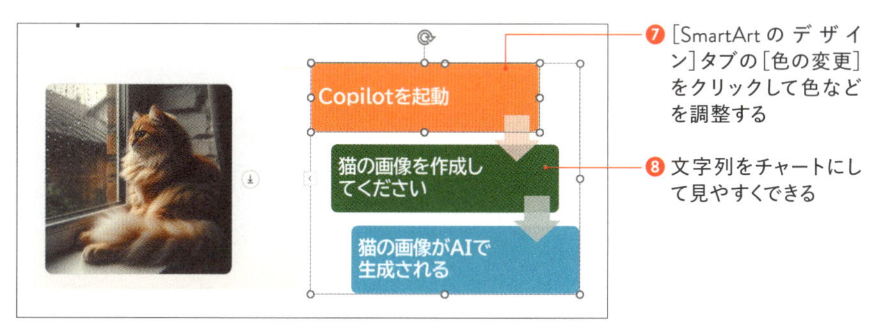

❼［SmartArtのデザイン］タブの［色の変更］をクリックして色などを調整する

❽ 文字列をチャートにして見やすくできる

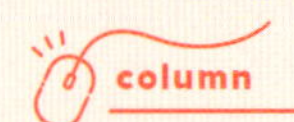

チャートの種類

チャートの種類は示したい情報の種類によって選ぶのがポイントです。

構造・構成

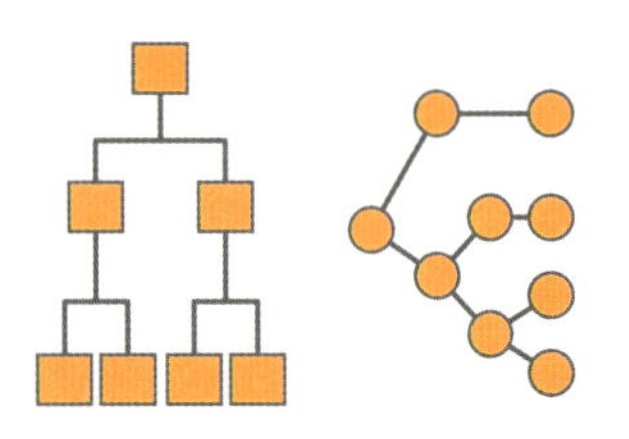

構造や構成を示すために利用され、分化していくのがポイント

順序・手順

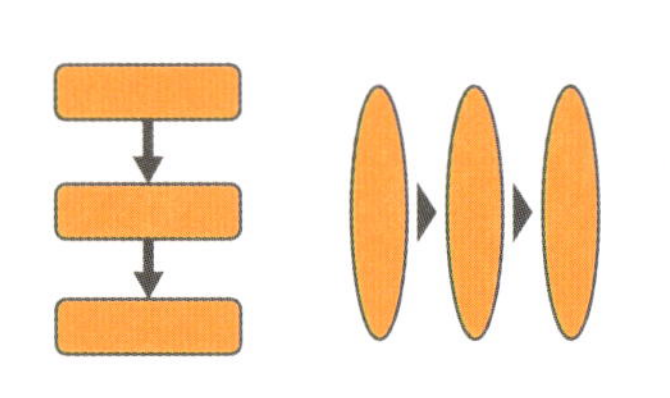

物事の流れを示し、矢印や三角マークなどで方向性をあらわすのがポイント

対立

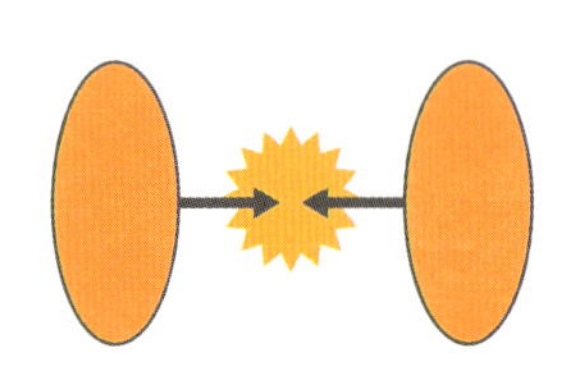

矢印を向かい合わせて対立を示すために爆弾マークを真ん中に入れるなどがポイント

重なり

各項目の共通部分やかかわり合いを示し、重なりがあるのがポイント

関連

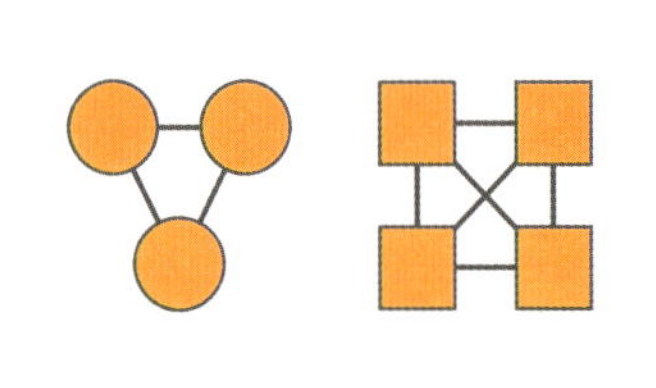

各項目の関連を示し、線で各項目を結ぶのがポイント

スライドの印刷や配布資料化

用途別のスライド印刷

作成したスライドは「1ページに1枚のスライド」を印刷して、Wordなどと同様に普通の資料として活用することができます。

また、プロジェクター等に出力する際の台本として「スライドとノート」を印刷することや、あるいは配布資料として「1ページに複数のスライド」を印刷することなどもできるので、用途に合わせて印刷レイアウトや印刷の出力先を設定するとよいでしょう。

資料としてスライドを印刷する

提案書・報告書・企画書・マーケティング資料など、いわゆる通常の印刷物としてスライドを印刷する場合は、印刷プレビューの印刷レイアウトから［フルページサイズのスライド］を選択します。スライドが紙に1ページごとに印刷されます。

なお、フルページサイズに「日付」「スライド番号」「任意のフッター文字列」なども追加したい場合は、［ヘッダーとフッターの編集］で任意に設定します。

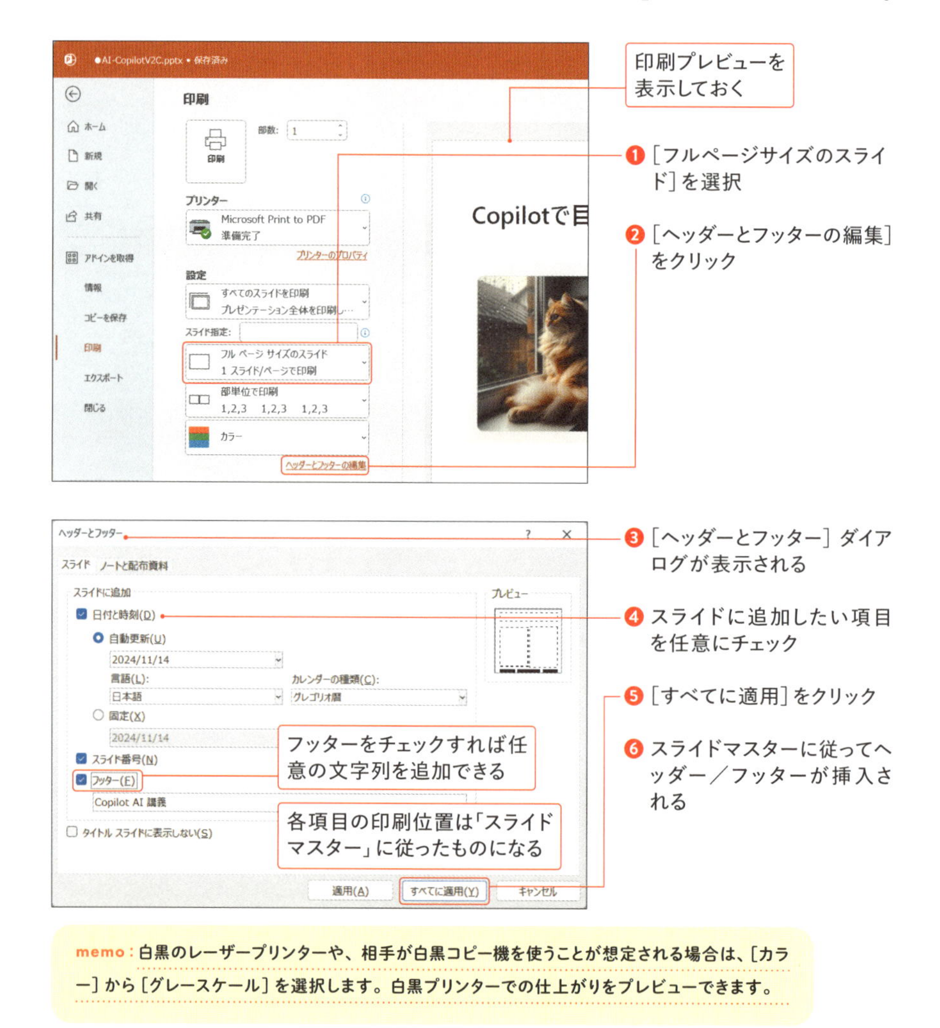

memo：白黒のレーザープリンターや、相手が白黒コピー機を使うことが想定される場合は、［カラー］から［グレースケール］を選択します。白黒プリンターでの仕上がりをプレビューできます。

スライドとノートの印刷

スライドはプロジェクターに投影するものの、「ノート」に書かれた注意点や台本などを読みやすくするために自分の手元に紙の資料としてスライドの印刷を置いておきたいなどの場合は、印刷プレビューの印刷レイアウトから［ノート］を選択します。

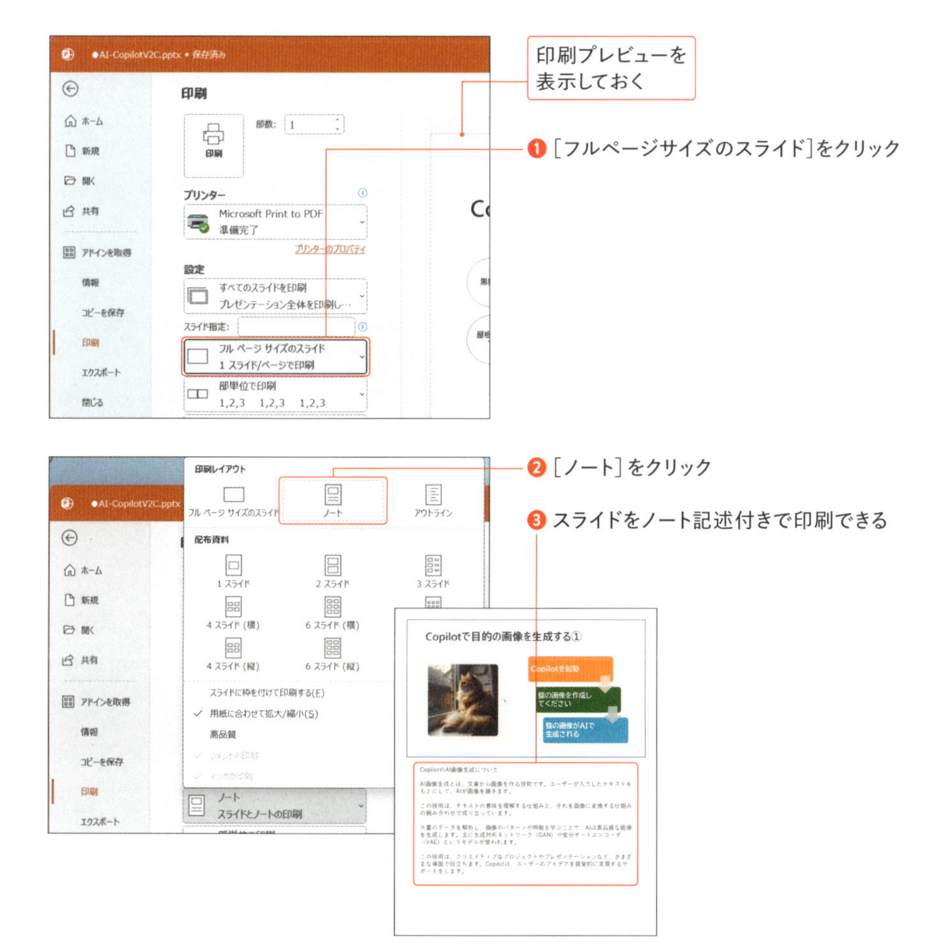

memo：「ノート」はプロジェクター投影時にPC側の発表者ツールで確認できます。しかし、ノートの記述が多い場合などは表示しきれずスクロールが必要になるため（発表者ツールでのノートのスクロール操作は誤操作の要因になる）、印刷しておいたほうが便利なこともあります。

1ページに複数スライドを印刷

配布資料として印刷するものの、用途としてスライドを1ページごとに紙に印刷する必要がないなどの場合は、印刷プレビューの印刷レイアウトから「配布資料」内の任意のレイアウトを選択します。

ちなみに、「3スライド」を選択すると、メモ欄も付加されるので、配布資料に書き込むような用途では便利です。

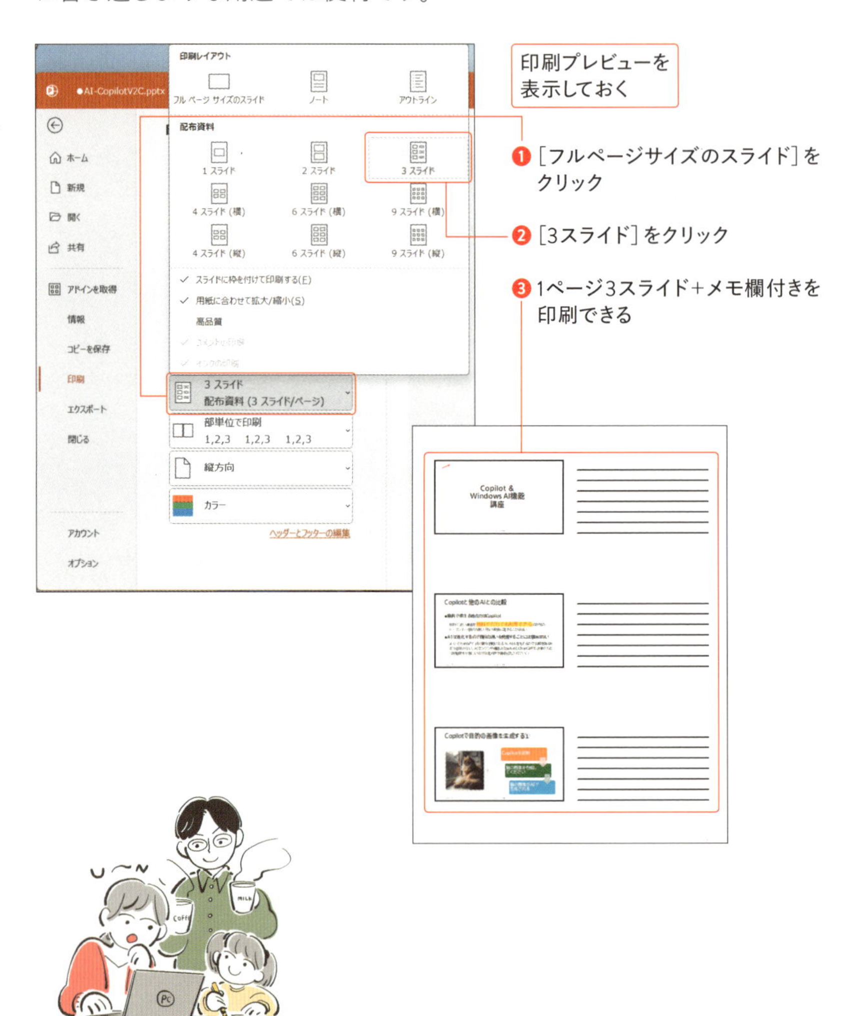

PowerPointのスライドをPDFファイルにする

PowerPointのスライドをPDFファイルとして出力したい場合は、印刷プレビューのプリンターから［Microsoft Print to PDF］を選択して印刷します。

メールやコミュニケーションツール（TeamsやZoomなど）でスライドを渡したい場合などに便利です。

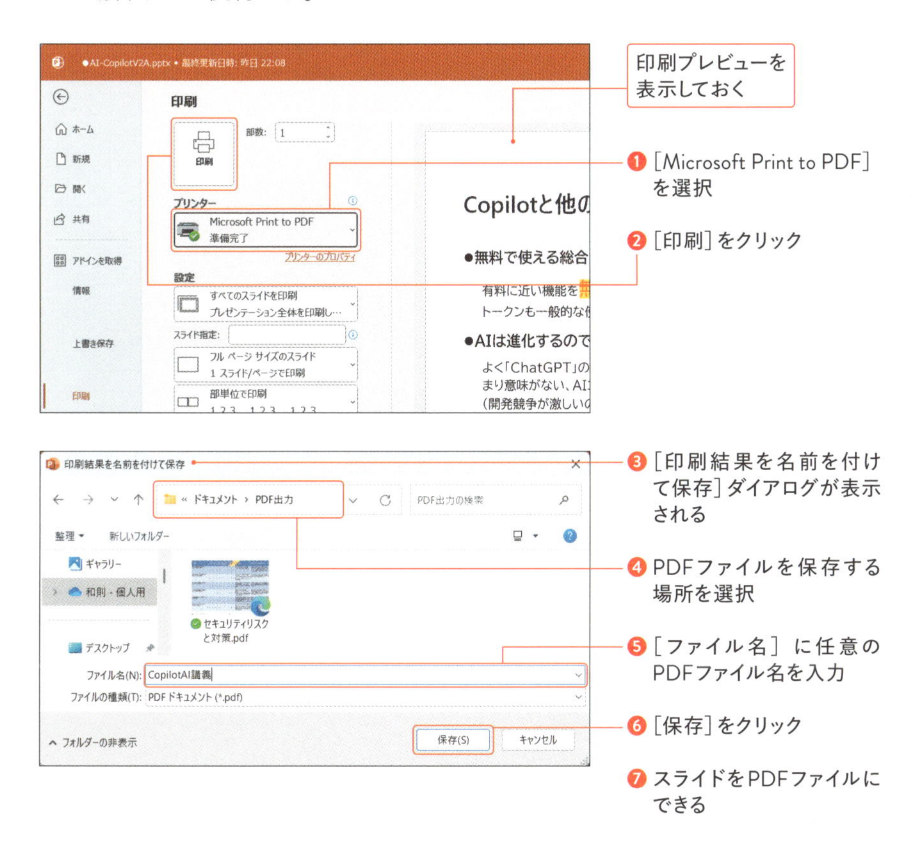

■ 著者紹介

橋本 和則（はしもと かずのり）

80冊以上のIT著書を執筆。代表作は『Windows 11 完全ガイド』『時短×脱ムダ 最強の仕事術』（SBクリエイティブ）、『パソコン仕事 最強の習慣112』『小さな会社のLAN構築・運用ガイド』（翔泳社）など。IT初心者からプロフェッショナルまで幅広い層に支持される。

Microsoft MVP（Windows and Devices for IT）を18年連続で受賞。Surface MVPでもあり、その功績はIT業界で高く評価されている。

「Win11.jp」や「Surface.jp」を含む7つのWebサイトを運営し、日本のPCユーザーのITスキル向上に貢献。

オンライン講義や講演も好評で、「Windows AI + Copilot講義」は総合視聴ランキング1位を獲得している。

- カバー・本文デザイン　新井 大輔　八木 麻祐子（装幀新井）
- イラスト　冨田マリー
- 編集・制作　BUCH+
- 担当編集　島嵜 健瑛

■ 本書のサポートページ

https://isbn2.sbcr.jp/30522/

本書をお読みいただいたご感想を上記URLからお寄せください。
本書に関するサポート情報やお問い合わせ受付フォームも掲載しておりますので、あわせてご利用ください。

安心して働くためのパソコン仕事術

2025年3月8日　初版第1刷発行

著　者　橋本 和則（はしもと かずのり）
発行者　出井 貴完
発行所　SBクリエイティブ株式会社
〒105-0001　東京都港区虎ノ門2-2-1
https://www.sbcr.jp/
印刷・製本　株式会社シナノ

落丁本、乱丁本は小社営業部にてお取り替えいたします。
定価はカバーに記載されております。
Printed in Japan　ISBN 978-4-8156-3052-2